스프링북 스도쿠 2

고급·고수

스프링북 스도쿠

SUDOKU

스도쿠 존 연구소 · 편집부 공저

시간과공간사

스도쿠가 뭐예요?

스도쿠의 유래

스도쿠는 일본어 '스도쿠(數獨)'에서 유래한 말로, '겹치는 숫자가 없어야 한다' 또는 '한 자리 숫자'라는 뜻이다. 이 게임은 18세기 스위스 수학자 레온하르트 오일러Leonhard Euler가 개발한 '마술 사각형'이란 게임에서 유래한 것으로, 일본의 한 퍼즐 회사가 1984년에 '스도쿠'라는 브랜드로 개발해서 세계적으로 널리 알려졌다.

이 게임을 푸는 방법은 가로와 세로 9칸씩 총 81칸으로 이루어진 정사각형 안에 1에서 9까지의 숫자를 가로와 세로가 겹치지 않게 하나씩 채우는 방식이다. 또, 큰 사각형(81칸) 안의 작은 사각형(9칸)에도 1에서 9까지의 숫자가 겹치지 않아야 한다. 단순한 게임 같아도 난이도에 따라 풀기가 결코 쉽지 않은 게임이다.

영국에서는 스도쿠 빨리 풀기 전국대회가 열리고, 주요 신문에서도 이 게임을 싣는다. 일본에서는 스도쿠 관련 도서가 한 달에 60만 권 이상 팔린 적이 있으며, 영국·미국·오스트레일리아 등의 일부 신문에서도 스도쿠 게임을 게재한다. 우리나라에서는 휴대전화 모

바일 서비스로도 게임이 가능하다. 또, 인도 벵갈루루에서 벌어진 '2017 세계스도쿠선수권 대회'에서 우리나라 사람이 그랑프리 파이널 우승을 차지했다.

스도쿠를 간단히 푸는 수학적 방법은 없을까?

스도쿠는 간단한 규칙으로 이루어져 있지만, 푸는 것은 간단하지 않다. 그러니 스도쿠를 간단히 푸는 방법을 찾는다는 것은 달걀로 바위치기일 수도 있다. 어떤 알고리즘에 따라 해결하는 문제가 얼마나 쉽게 풀리는지를 설명하는 방법 중 하나가 복잡도complexity이다. 스도쿠는 복잡도에 따른 분류에서 NP-완전 문제임이 증명되어 있다. NP-완전 문제란, 모든 경우의 수를 하나씩 확인해 보는 것 외에 다른 방법이 없는 문제를 말한다. 따라서 아무리 최첨단 수학 이론을 쓴다고 해도, 스도쿠를 쉽게 푸는 방법은 현실적으로는 없다고 보는 것이 좋다.

세상에서 가장 어려운 스도쿠 문제는?

이 스도쿠는 스웨덴의 수학천재인 아토 인카라 박사가 만든 것으로, 이것을 푸는 데는 꽤 많은 시간이 걸린다고 한다.

이 문제는 다음과 같다.

〈문제〉

		5	3					
8							2	
	7			1		5		
4					5	3		
	1			7				6
		3	2				8	
	6		5					9
		4					3	
					9	7		

〈정답〉

1	4	5	3	2	7	6	9	8
8	3	9	6	5	4	1	2	7
6	7	2	9	1	8	5	4	3
4	9	6	1	8	5	3	7	2
2	1	8	4	7	3	9	5	6
7	5	3	2	9	6	4	8	1
3	6	7	5	4	2	8	1	9
9	8	4	7	6	1	2	3	5
5	2	1	8	3	9	7	6	4

또 다른 문제를 풀어보자.

이 문제의 정답 역시 바로 옆에 있다.

〈문제〉

8								
		3	6					
	7			9		2		
	5				7			
				4	5	7		
			1				3	
		1					6	8
		8	5				1	
	9					4		

〈정답〉

8	1	2	7	5	3	6	4	9
9	4	3	6	8	2	1	7	5
6	7	5	4	9	1	2	8	3
1	5	4	2	3	7	8	9	6
3	6	9	8	4	5	7	2	1
2	8	7	1	6	9	5	3	4
5	2	1	9	7	4	3	6	8
4	3	8	5	2	6	9	1	7
7	9	6	3	1	8	4	5	2

스도쿠 푸는 방법

스도쿠는 가로 3개, 세로 3개의 작은 사각형 9개가 모여 하나의 큰 사각형을 이루고 있다. 스도쿠를 푸는 방법은 아주 간단하다. 숫자가 없는(빈 사각형) 자리에 숫자를 채워 넣는 것이다. 따라서 공백이 많은 스도쿠일수록 어렵다. 문제를 푸는 원칙은 다음과 같다.

❶ 작은 사각형 안에 1~9까지의 숫자를 채운다.

❷ 가로줄(㉠줄, ㉡줄, ㉢줄…)과 세로줄(㉮줄, ㉯줄, ㉰줄…)에도 1~9까지의 숫자를 채운다.

❸ 각 줄에는 숫자가 겹치지 않게 1~9까지의 숫자가 한 번씩 모두 들어가야 한다.

본 문제를 풀기 전에 쉬운 문제를 풀어보자. 힌트를 주자면, 빈칸이 가장 많은 작은 사각형부터 푸는 것이 좋으니 이 문제에서는 첫 번째 작은 사각형부터 시작하자.

이번 책은 《스프링북 스도쿠 1》보다 쉽게 풀지 못할 것이다. 그렇다고 아주 어려운 것은 아니니 너무 긴장하지 말고 시작해보자.

1) 가장 많이 보이는 숫자를 공략하라

아래 문제는 《스프링북 스도쿠 1》에 비해 열려 있는 숫자가 많지 않다. 게다가 하나의 사각형이나 가로줄, 세로줄을 봐도 답이 쉽게 떠오르지 않는다. 이럴 때는 가장 많이 열려 있는 숫자를 찾아보자. 이 문제에서는 숫자 7과 4가 들어갈 자리를 먼저 찾는 것이 좋다.

일단 7이 열려 있지 않은 작은 사각형을 선택해서 7의 자리를 생각해 보자. 이때 네 번째 작은 사각형의 A 자리에 7이 알맞은 것을 알 수 있다. 이렇게 하면 나머지 7의 위치도 알 수 있다.

	㉮	㉯	㉰	㉱	㉲	㉳	㉴	㉵	㉶
㉠			7			9	5		
㉡		8		4			9		7
㉢			3		5			2	
㉣	A	1		3	4			6	
㉤	5			8	9				3
㉥		3			7			4	
㉦		7			1		4		
㉧	9		1			4		7	
㉨			4	2			6		

이번에는 4를 찾아보자.

4가 열리지 않은 작은 사각형을 선택해서 4의 자리를 생각해 보면, 네 번째 작은 사각형의 B 자리와 다섯 번째 작은 사각형의 C 자리에 4가 들어가는 것을 알 수 있다. 이때 중요한 것은, 4와 7을 전부

	㉮	㉯	㉰	㉱	㉲	㉳	㉴	㉵	㉶
㉠			7			9	5		
㉡		8		4			9		7
㉢			3	7	5			2	
㉣	7	1		3	C			6	
㉤	5	B		8	9		7		3
㉥		3			7			4	
㉦		7			1		4		
㉧	9		1			4		7	
㉨			4	2		7	6		

찾으려고 욕심내지 말고 막히는 곳이 있으면 다른 곳을 먼저 풀어보는 것이 현명하다.

2) 가장 많이 채워진 가로와 세로줄을 공략하라

㉤줄에는 1, 2, 6이 숨어 있다. 그런데 ㉵줄을 보면 2와 6이 열려 있다. 따라서 F에는 1이 와야 하고, D와 E에는 어떤 숫자가 알맞은지 모르니 일단 2와 6을 써두자. 그리고 앞에서 소개한 1)과 2)의 방법으로 나머지 숫자들을 최대한 많이 찾아보자.

	㉮	㉯	㉰	㉱	㉲	㉳	㉴	㉵	㉶
㉠			7			9	5		
㉡		8		4			9		7
㉢			3	7	5			2	
㉣	7	1		3	4			6	
㉤	5	4	D	8	9	E	7	F	3
㉥		3			7			4	
㉦		7			1		4		
㉧	9		1			4		7	
㉨			4	2		7	6		

3) 하나로 좁혀지는 답을 공략하라

세 번째 작은 사각형 빈자리에 들어갈 수를 예상해 보자. 가로와 세로를 고려해 숫자를 적어보면 3, 4, 6, 8이 유추된다. 그러면 3이 올 자

	㉮	㉯	㉰	㉱	㉲	㉳	㉴	㉵	㉶
㉠			7			9	5	3, 8	4, 6, 8
㉡		8	5	4			9	3	7
㉢		9	3	7	5		1	2	4, 6, 8
㉣	7	1		3	4			6	
㉤	5	4	2, 6	8	9	2, 6	7	1	3
㉥		3			7			4	
㉦		7		9	1		4		
㉧	9		1			4		7	
㉨			4	2		7	6	9	1

리와 8의 답도 알 수 있게 된다. 쉽게 예측하지 못한 숫자도 이런 유추의 방법을 이용하면 답을 얻을 수 있다.

4) 채워진 숫자들을 공략하라

처음 문제를 풀 때보다 숫자가 많이 열려 있다. 이럴 때는 1)과 2)의 방법을 번갈아 쓰면 더 많은 숫자를 채울 수 있다.

	㉮	㉯	㉰	㉱	㉲	㉳	㉴	㉵	㉶
㉠			7		3	9	5	8	4, 6
㉡		8	5	4			9	3	7
㉢		9	3	7	5		1	2	4, 6
㉣	7	1		3	4			6	
㉤	5	4	2, 6	8	9	2, 6	7	1	3
㉥		3			7			4	
㉦		7		9	1		4		
㉧	9		1			4		7	
㉨			4	2		7	6	9	1

스도쿠를 하면 뇌에 자극을 주기 때문에 치매 예방에 좋고, 집중력이 길러진다는 장점이 있으니 꾸준하게 문제를 풀어보자. 그러면 우리의 뇌도 유연성이 생길 것이다.

이 책은 여러분을 위해 고급과 고수 수준의 스도쿠를 한 권의 책으로 엮은 것이다. 고급 수준의 스도쿠는 본문에서 회색으로, 고수 수준의 스도쿠는 파란색으로 표시했으니 참고하기 바란다.

2	6	7	1	3	9	5	8	4
1	8	5	4	2	6	9	3	7
4	9	3	7	5	8	1	2	6
7	1	2	3	4	5	8	6	9
5	4	6	8	9	2	7	1	3
8	3	9	6	7	1	2	4	5
6	7	8	9	1	3	4	5	2
9	2	1	5	6	4	3	7	8
3	5	4	2	8	7	6	9	1

예시 정답

SUDOKU

001

DATE

TIME

9				3				8
	2						5	
	7	8				2	1	
3	4			5			8	1
			1		2			
1	8			9			2	6
	3	6				7	9	
	5						3	
8				7				2

002

DATE

TIME

8	5						9	1
		6	7	8	9	5		
				1				
4			8		3			2
		5	2		4	8		
9			6		1			7
				3				
		8	9	2	6	1		
6	1						3	9

003

DATE

TIME

			6	5			1	2
1							7	
		9		1		3	4	
7			8				9	3
2	1				5			4
	3	2		9		4		
	6							9
9	4			8	7			

004

DATE TIME

				2				
4								3
	9		3		8		7	
8	3		7		2		1	5
1			6		3			9
9	2		8		4		6	7
	4		9		1		2	
7								1
				8				

005

DATE TIME

	5						7	
	7	3	2		9	1	4	
1								9
		5	8	7	1	9		
	8	7	6		4	5	1	
		1	3	2	5	6		
5								1
	1	6	9		2	8	5	
	4						2	

006

DATE

TIME

			5		4	7		9
	4			8				6
			1					
	3	7			1	9		
8								3
		4	2			5	1	
					7			
4				6			5	
6		1	4		8			

007

DATE

TIME

6	7			4				
				1	2			6
			6			5		
	6		3				9	
		3	7		9	1		
	2				5		3	
		6			1			
3			8	7				
				9			7	2

008

DATE

TIME

		4	1	7	3	2		
		7				4		
			2		5			
	7		4		1		2	
6		8	5		2	1		3
	9		8		7		4	
			3		6			
		3				6		
		6	7	2	4	8		

DATE

TIME

5		6		8		3		9
	4	7	1	6	9	2	5	
				2				
		2				8		
7								5
		5				6		
				7				
	8	9	6	5	3	7	4	
6		4		9		5		2

010

DATE

TIME

1							8	
			2					7
	8	9	3			2		
3							2	8
		2	8	5	6	7		
6	1							4
		4			1	9	7	
9					3			
	5							2

011

DATE

TIME

		7	4		9	3		
	1	4				5	2	
8				3				6
			1	4	7			
7				5				1
			8	6	2			
1				8				4
	4	5				8	7	
		3	7		4	1		

012

DATE

TIME

			5			6		
		8	3				2	
			6				4	5
1						7		
2			7	6	4			8
		7						4
4	6				1			
	9				6	8		
		5			7			

013

DATE TIME

	1						8	
6			7		9			5
4			1		6			7
	5			6			9	
	7						5	
	4			2			1	
1			8		2			3
2			9		5			1
	9						2	

014

DATE TIME

4							2	
			4		3			
3			1	5				
		6	7			9	4	
5		1				6		2
	4	2			9	8		
				7	1			8
			9		5			
	8							3

015

DATE

TIME

3	2							
				8	9		3	
7		9				1	4	6
		5		6	8			
			5		3			
			1	7		4		
4	1	2				7		5
	9		2	4				
							2	4

016

DATE TIME

5		6		2				8
3					6	9	1	
					4			
					9	6		
8		1		3		2		4
		2	1					
			7					
	8	3	4					7
9				6		4		3

017

DATE

TIME

	4		5		2		9	
1				8				6
		9	3	4	1	2		
	3		6		4		1	
2				9				4
	9		1		5		6	
		4	2	5	6	1		
5				1				3
	1		4		7		2	

018

DATE TIME

4	7	6					8	
				8	9	4	6	
					7			2
	3							6
7				9				1
8							3	
6			5					
	1	3	9	7				
	5					7	2	4

019

DATE

TIME

	1	6				4	5	
		7		3		6		
8								7
	3		5		8		9	
		2	9		3	8		
	4		7		2		6	
1								4
		4		9		2		
	9	5				1	3	

020

DATE

TIME

1	4			3			7	2
7								9
			5		2			
5	6						9	7
		2	9		1	8		
8	9						6	1
			6		7			
2								8
9	1			8			3	6

021

DATE

TIME

1				2			6	9
5		4	3			7	8	
		9		1				
6	3		8					
					1		3	8
				7		9		
	7	3			6	8		4
9	5			8				7

022

DATE

TIME

8			6		3			9
	5						3	
			5	7	8			
3	6			5			9	7
1								4
9	8			4			2	1
			8	9	5			
	2						4	
7			2		4			5

023

DATE TIME

8	2					3		5
					2			
		1	3	4				7
	3							6
5		9				7		4
2							9	
7				8	3	4		
			9					
9		4					5	3

024

DATE **T**IME

8			2	1		6		
	1		5			3		
		9				1	4	
5			7		4			
	2			3			5	
			9		2			1
	5	7				2		
		2			7		1	
		4		2	5			3

025

DATE

TIME

		1		5		7		
				8				
7								6
	6	2	1		4	8	9	
		8	9		5	1		
	1	5	2		8	3	4	
6								8
				9				
		7		1		5		

DATE

TIME

		4	1					9
	7	8				1		
	2		6					
	5			8	4		6	3
			2		6			
9	8		3	1			7	
					7		1	
		7				5	9	
8					2	4		

027

DATE

TIME

			7	2	3			
	9	4		5		2	3	
		3				5		
	5		6		4		9	
		7				4		
	6		2		8		5	
		2				9		
	4	5		9		3	1	
			3	4	2			

028

DATE

TIME

9	8	6				2		
5					9		3	
			4			5		
	5			3			6	
4		3		2		1		5
	9			1			2	
		1			5			
	2		3					6
		5				4	1	3

029

DATE

TIME

					5		8	9
			3		9	6		2
	1							
3		4						8
		2	8	6	3	4		
6						5		1
							7	
7		1	9		2			
9	8		5					

홀짝 스도쿠 A

색칠된 칸에는 짝수만, 나머지 칸에는 홀수만 들어갈 수 있습니다.

DATE

TIME

		9				5		
			4		6			
3								1
	1						8	
	2						3	
2								3
			9		2			
		4				6		

031

DATE TIME

		2	1	5	3	6		
				2				
1			6		9			5
4	7	1				9	5	6
		6				4		
2	5	9				1	8	3
6			9		7			4
				6				
		5	3	1	4	7		

032

DATE **T**IME

3					9			8
		4		8				9
	8				2			6
		6		9	5			4
			8		3			
7			2	6		5		
1			7				8	
9				2		6		
8			9					7

033

DATE

TIME

5								4
				2		5	9	
8	1		3			6		
				9		4		8
	3	4		8		7	6	
2		1		6				
		5			2		4	3
	2	3		5				
1								5

034

DATE

TIME

			1		5			
3				8				6
	7		3		6		8	
	3	1				8	9	
7		5				6		4
	9	8				1	2	
	4		9		2		6	
9				3				8
			5		8			

035

DATE

TIME

			6		4			
		4				6		
	6	9	1		7	4	2	
4		3	7		2	9		6
	9						1	
6		7	8		1	5		4
	4	1	9		5	8	6	
		2				1		
			2		3			

036

DATE

TIME

		4	6					1
5		2			9			6
						2		8
			5		7	9		
		3		4		6		
		6	1		2			
9		7						
2			8			1		9
1					3	5		

037

DATE

TIME

			3		7		8	
			2	8		1	4	
2		9						7
	1	3	7		6			
			5		8	6	1	
5						9		6
	3	8		9	2			
	7		6		3			

038

DATE

TIME

4	5	6			3			
		9				5		2
		8	4	5				
	9				1			
			5	9	2			
			8				3	
				1	5	3		
8		3				9		
			3			6	1	4

039

DATE

TIME

					6	7	8	
		1			9		2	
3		9						6
		6			4			2
7		2				5		8
1			2			3		
2						6		1
	6		9			2		
	1	7	3					

040

DATE

TIME

		1	5			6		
							7	1
			4		7		3	
3			7	4				
	7	2		9		8	4	
				6	1			7
	3		9		4			
4	6							
		7			6	5		

041

DATE **T**IME

			5		8			
7					9	3		
8		9			4			7
9	4							
3		6				4		2
							5	9
4			9			8		5
		2	7					6
			6		3			

042

DATE **T**IME

		3					2	9
				1			5	8
1		9			5			
	7	5			6			3
			5	9	1			
9			3			5	8	
			1			8		4
4	1			7				
6	9					2		

043

DATE

TIME

3	2					8		
			3				4	
	4				7			6
		2		6		1		
6	5						3	9
		1		4		6		
2			6				5	
	7				2			
		5					1	4

044

DATE TIME

9				5				8
							1	6
		8	2				5	
				1		8	3	
			5		4			
	6	7		9				
	4				7	9		
5	9							
7				6				3

045

DATE TIME

9								
	4			3		5	6	
		7		9	1		3	
4					3		9	
		6				7		
	9		5					2
	5		3	2		9		
	3	9		8			4	
								3

046

DATE

TIME

	8	1			3			
			7			5		6
5	7		6	1				
	6				1	9		
	1						3	
		2	3				8	
				4	6		9	2
9		8			7			
			9			4	5	

047

DATE

TIME

4	1			6	3	7		
								1
7				4			3	
3							9	7
		6		7		1		
8	9							2
	3			5				8
9								
		8	6	9			2	4

048

DATE TIME

	5		3			1	8	
						2		
	8			2				7
			1				3	4
		2				6		
8	9				6			
5				3			9	
		6						
	3	1			4		7	

049

DATE TIME

9		3					1	
4		1					3	
				1	2	4		
				6			7	2
			1		5			
1	9			4				
		6	5	9				
	4					8		5
	3					6		1

050

DATE

TIME

9				1	2		7	
5				8			1	4
	7		3				5	
6					4		9	
				6				
	8		1					7
	5				3		8	
7	6			2				5
	9		4	5				6

051

DATE

TIME

			6	1		7		9
4								
8	9				7		5	
				4	6			
		5				1		
			3	9				
	1		7				9	8
								1
7		3		6	1			

052

DATE

TIME

	2				4			
	3		7		9			
	8	9			5			6
							6	8
	5	3				2	1	
9	6							
1			9			8	7	
			8		7		3	
			6				9	

053

DATE

TIME

	2			5				9
5					9		3	
	7				1	4	5	
				7				3
3			5		4			7
1				6				
	3	4	9				8	
	5		8					1
9				4			7	

054

DATE

TIME

			4	5			9	
		1			9			3
	7			2			5	
3	6					8		
		4		9		2		
		7					1	5
	2			1			6	
7			9			1		
	1			4	7			

055

DATE

TIME

		7			3		6	
				8			5	
			2		7	1		8
2				3		6		
6		1				7		5
		4		5				2
3		2	9		8			
	4			6				
	5		1			8		

056

DATE TIME

			3	4				
						8		2
	7				8		4	5
1		3	7		2			
7				5				6
			4		3	1		7
4	2		8				9	
5		8						
				2	7			

057

DATE

TIME

5		7			6	8		9
								5
	2				8	3		
	1		8		5			
		6		7		2		
			1		3		4	
		2	5				7	
4								
8		5	6			9		4

058

DATE

TIME

6				5		2		
	5				9		7	
	3	9			8	4		
			1					6
		6		4		1		
3					5			
		3	5			9	8	
	8		2				6	
		1		3				2

059

DATE TIME

		1			5		8	
		5	6					
				7		3	4	
		6	8				2	
	9			6			1	
	4				3	5		
	7	4		2				
					7	8		
	1		4			7		

홀짝 스도쿠 B

색칠된 칸에 홀수(또는 짝수)가 이미 들어가 있으면, 나머지 색칠된 칸에도 홀수(또는 짝수)가 들어가야 합니다.

DATE

TIME

	9		4					
				9				1
			1					
						1		2
	1			2			3	
6		9						
					9			
9				8				
					5		9	

061

DATE

TIME

		3		2			7	
					9	8	1	
		2			8			
	2	4	5					
3				9				6
					6	4	5	
			4			7		
	9	8	7					
	5			8		2		

062

DATE

TIME

							9	1
5				8		4		7
	8				4		2	
		2	7	5				
	9			3			7	
				9	2	6		
	2		1				4	
4		8		2				5
9	5							

063

DATE

TIME

		3			1			7
	4					1		
6			4		9			8
				5			9	
		5	6		4	8		
	2			7				
2			3		5			4
		1					7	
4			9			2		

064

DATE TIME

1					6	7	8	
			7	8				
						4	5	
	3			6		5		
		6	2		4	8		
		7		9			6	
	5	4						
				3	7			
	7	1	5					2

065

DATE

TIME

6							1	9
	4	5	6	8			3	
	8				3			
				2		9		
		2	9		5	1		
		1		3				
			3				8	
	1			4	8	6	9	
5	9							1

066

DATE

TIME

							2	9
			1	6				
					4	5		7
	6			9				4
		1				9		
2				8			5	
7		3	8					
				2	6			
9	4							

067

DATE

TIME

				5	6	7		
								3
7	8		1					
3	9		6					
1								2
					7		4	5
					4		6	8
8								
		4	3	6				

068

DATE

TIME

6	1				5			9
3			7				6	
				1			4	
8	3		4					2
				2				
1					8		5	3
	7			5				
	6				4			8
5			8				2	4

069

DATE TIME

			2					1
3				8		4		
					7			5
					6	5		
	5		7		2		8	
		4	5					
4			6					
		8		1				3
6					8			

070

DATE

TIME

7	8			1			3	
3				8		4		
	2							
		5			6			4
	4						5	
6			4			1		
							7	
		1		9				2
	6			7			8	5

071

DATE

TIME

8				3	4			1
	1	3						
4					8	2		
6					2			5
	4			7			6	
9			8					4
		5	6					7
						5	1	
3			1	4				2

072

DATE

TIME

3				4	5			
		4			1		3	6
	8							4
		5			2		9	7
8	7		4			6		
6							5	
2	9		7			1		
			9	8				2

073

DATE

TIME

7				5			9	
	1	5	3	4				
6	8		2					
	6		8					
5		3				8		2
					5		3	
					2		6	9
				6	7	5	8	
	7			8				4

074

DATE

TIME

6		1					8	
9			8		5			
		8		6		3	4	
			7	3		8		
		5		8	2			
	2	7		4		5		
			6		7			4
	6					9		1

075

DATE

TIME

		1	3					9
						2	7	1
	8				7		4	
5		6	8					
			7	9	6			
					1	8		6
	6		5				9	
4	5	3						
1					2	7		

076

DATE

TIME

		4						
			2		5			
		8		1		9		2
	2			8			6	
		5	9		2	8		
	3			4			7	
9		3		7		6		
			6		1			
						1		

077

DATE

TIME

				9				
1								4
	5		2		3		6	
		9	3		5	7		
8								9
		2	9		6	4		
	2		6		4		5	
4								3
				7				

DATE

TIME

	4					9		
5				8				
		3	2		5			7
		4			6	2		
	8						3	
		2	1			8		
9			5		1	3		
				9				6
		7					2	

079

DATE

TIME

6			4		2			5
		9	8					
	3		6					
4	7	2						9
3						6	4	2
					7		1	
					3	9		
8			9		5			4

080

DATE TIME

7	2		3					
					8			
6	1			4				3
5					9	2	7	
				1				
	3	6	8					4
8				2			1	5
			1					
					4		9	6

DATE

TIME

					7			5
	1							
	9				2	4		
5					3		9	7
8				4				3
7	6		5					8
		4	8				5	
							7	
3			1					

DATE

TIME

	4					5		
5		1	6					
	3			7				9
	6		9					
		8		6		3		
					2		1	
1				3			6	
					5	1		4
		7					2	

DATE TIME

			1	4	3			
		6				1		
	4			5			9	
		1				9		
			8	6	9			
		3				7		
	6			7			4	
		7				8		
			3	1	2			

084

DATE

TIME

2				7				4
		7	6			2		
	6						5	
				5			6	
7								8
	5			1				
	8						3	
		9			6	1		
4				8				9

DATE

TIME

9			1		4			
						7		8
	6						3	
			5			2	8	
		9				5		
	4	1			8			
	3						2	
2		6						
			6		3			4

DATE TIME

		6	9	7			5	
								1
7			5		8			
1		5				7		
4				3				6
		9				8		3
			8		4			7
9								
	4			1	6	3		

087

DATE

TIME

	6						3	
5			9		7			8
		2				1		
	1		3		6		8	
	7		5		8		9	
		6				4		
2			8		1			7
	9						6	

DATE

TIME

	8			3		9		
1		5	2					
	7							3
	9				4			
3				8				5
			7				1	
6							2	
					8	5		1
		4		7			6	

DATE

TIME

				6		7	9	
	1							5
		6			4			8
				8		9		
8			5	4	7			6
		4		9				
1			2			3		
9							1	
	6	2		3				

스도쿠 X

큰 사각형을 가로지르는 양쪽 대각선에도 1부터 9까지의 숫자가 한 번씩 들어가야 합니다.

DATE

TIME

	1					5		
					3	9		1
3			6		5			
				5				
5								6
				6				
			2		9			3
2		9	8					
		7					4	

DATE

TIME

		1		9		3		
			5		8			
6				3				4
	5						1	
9		3		1		2		7
	8						9	
8				5				9
			2		1			
		7		4		8		

DATE

TIME

	3			1			8	
		8				2		
	1			2			7	
			1		5			
7		1				4		6
			7		4			
	9			5			2	
		2				1		
	7			3			5	

093

DATE

TIME

				9			6	
4	6							8
					1		2	
		4		2	6	9		
				7				
		5	4	1		3		
	3		5					
8							7	1
	9			6				

094

DATE

TIME

		1				7		
			2			1		
5					7		6	9
	4			8		2		
			6		3			
		7		9			4	
8	5		4					6
		6			1			
		4				9		

DATE

TIME

			9		4			2
	6					5		
		4		3			6	
5				9				8
		7				6		
8				2				9
	5			8		7		
		2					4	
3			1		7			

DATE

TIME

		1	8					6
	4			1				
2					3			
6					9	7		
	1						2	
		3	4					8
			1					4
				5			8	
3					2	9		

097

DATE TIME

		5	9				4	
	1							9
8			2		3			
6		4				1		
				5				
		7				9		6
			6		2			4
3							8	
	8				4	2		

DATE

TIME

1			5	7				4
	2	5			9	8	3	
	4							2
3				8				6
6							1	
	1	8	6			5	2	
4				3	5			8

DATE

TIME

					4		1	
		8					9	7
	5		2					
		3		1				9
			6		8			
7				4		6		
					2		5	
3	6					2		
	1		9					

100

DATE TIME

	3	7	9				4	
2				6				9
8					5			
5						4		
	4						2	
		1						3
			1					5
6				2				8
	2				3	7	1	

DATE

TIME

			8		7			
		6		9		8		
	1	7				3	9	
1								2
	5			2			7	
2								5
	6	1				7	4	
		9		3		5		
			1		6			

102

DATE

TIME

2								9
	7		8		4		3	
		5				8		
	8		6		3		4	
	9		5		8		6	
		9				7		
	3		4		1		5	
7								1

103

DATE **T**IME

4	6				5		2	
1			6					3
					4			
	7				6	8		1
				5				
5		9	4				6	
			3					
6					1			4
	9		8				1	6

104

DATE

TIME

9					6	7	3	
				4	3			6
								8
			8				5	9
	2						4	
5	1				9			
6								
4			1	3				
	8	3	4					5

105

DATE

TIME

		4				1	6	
9								
7			6		2			9
		9		5		4		
			3		7			
		2		4		7		
2			4		6			7
								3
	9	8				5		

DATE

TIME

		8	5		7	2		
	2			4			1	
3		9				7		5
				9				
4		7				6		1
	6			5			4	
		5	6		2	9		

107

DATE

TIME

					6	5		
		5	8		9			
	8							2
	2			5			3	9
6	4			3			8	
7							2	
			5		1	7		
		1	6					

DATE

TIME

							4	8
	9				6			1
		4			1	7		
			9			2	3	
				6				
	3	8			7			
		6	4			3		
9			1				6	
8	2							

109

DATE

TIME

	6			2			4	
5			3		7			1
	3		8		2		6	
1				9				7
	5		4		1		3	
9			7		8			2
	4			6			1	

110

DATE TIME

			2				5	
		5					7	3
	9				8			
6				3		8		
			6		5			
		4		1				2
			9				3	
5	8					6		
	1				7			

111

DATE TIME

	9		3		8		6	
	5	3				1	9	
8			1		6			3
				3				
2			8		7			6
	2	6				8	7	
	7		4		5		3	

112

DATE TIME

		7				2		
			1	7	2			
4				8				9
	3						8	
	1	6		2		7	5	
	4						6	
6				1				7
			4	6	3			
		9				6		

113

DATE TIME

	1	3		2		8		5
7					8	2		
				4				
			9				2	
3								6
	8				1			
				1				
		8	6					7
2		9		8		3	5	

114

DATE

TIME

			2			3		
		8		3		6		
	9				1		7	4
1						5		
	6			9			8	
		3						2
5	1		4				2	
		7		5		9		
		2			7			

115

DATE

TIME

4			5					
	8			7				
		7	9				6	
7			4	1				
	9						8	
				8	3			4
	6				4	9		
				6			7	
					1			3

116

DATE

TIME

8			3		4			5
		2				1		
			7		6			
		7				3		
	3			7			2	
		1				4		
			5		2			
		3				6		
5			4		8			9

117

DATE

TIME

6		7		3				
					5	4		
2					8		9	
						6	1	
3								4
	4	5						
	1		8					3
		9	7					
				4		8		7

118

DATE

TIME

5								9
	7			1			8	
			5	3				
			3		6	8		
	2	9				3	7	
		8	1		9			
				8	7			
	1			5			4	
3								5

119

DATE

TIME

					2			6
8	9	5		7		3		
				3			8	
1		7						
				5				
						9		1
	4			9				
		1		8		2	3	4
2			6					

창문 스도쿠

색칠된 4개의 사각형에도 1부터 9까지의 숫자가 한 번씩 들어가야 합니다.

DATE

TIME

					3			
2					8			
	4		2				7	
			1					6
		5				4		
1					6			
	8				2		3	
			7					5
			4					

121

DATE TIME

	4				7			
6			2			8		
		5		8			6	
	3			2				8
		1				4		
2				7			9	
	8			5		7		
		2			1			6
			4				1	

DATE

TIME

		5		3		8		
					6			
3		9				2		1
	5			6				
2								9
				7			4	
5		1				6		3
			4					
		3		8		5		

DATE TIME

		9		5		3		
			6			9		
2	4							5
				1			3	
9			5	3	2			7
	7			8				
5							9	4
		3			4			
		4		9		8		

DATE

TIME

4				5				1
		8	7			6		
	7						2	
			3		2		9	
6								7
	5		8		6			
	1						8	
		4			1	3		
2				6				4

125

DATE

TIME

				5			9	
5				7		2		
	4				6			
		8	2		7			
9	3						2	4
			3		8	9		
			1				6	
		3		6				1
	5			2				

126

DATE

TIME

3				5	7			2
	8						4	
		5	9			3		
6						1		
7								6
		9						8
		2			1	9		
	3						6	
5			4	8				7

DATE

TIME

			1		3			
5		8		4		3		6
	7		6		5		4	
		3		2		8		
	1		7		8		3	
6		5		1		2		8
			5		6			

DATE TIME

	4		3				7	
		6		7		2		
	9						5	
			6		9			8
	5						6	
6			4		1			
	7						4	
		1		3		8		
	8				2		1	

129

DATE TIME

	2	8		7		5	1	
6								4
			5		3			
		3				1		
8				9				3
		7				4		
			9		1			
1								8
	3	5		4		7	6	

130

DATE

TIME

	4		3		1			
					5	2		6
	2				7			
7	9	1						3
8						9	2	1
			6				4	
6		3	9					
			7		2		5	

131

DATE TIME

							3	
7			6	8				
		6		4		1		
			5		3		4	
	3	9				5	7	
	7		4		2			
		2		1		6		
				2	5			7
	4							

DATE

TIME

	2	5			6			
	7						9	3
				9				2
4			2		8			
		3				2		
			9		5			7
1				6				
5	3						1	
			8			9	4	

133

DATE TIME

	4						3	
	6		8	5	9		7	
		4	2		7	1		
		2		8		3		
		8	4		3	7		
	3		1	6	4		5	
	2						8	

134

DATE

TIME

								8
		8		3	1	5		
	2			4			3	
			8				2	
	7	3				6	5	
	5				9			
	9			5			6	
		4	6	2		3		
7								

DATE

TIME

5			1		9			7
		3				2		
	4						8	
1			8		2			4
				4				
3			5		7			6
	7						3	
		5				8		
6			4		8			5

136

DATE

TIME

				1			9	
		2	8			6		5
	7				3		1	
	1					5		
2				8				1
		3					7	
	4		3				8	
8		7			6	4		
	3			2				

137

DATE

TIME

	7			8				
1	8	3			6			
	2		9					
		8		2			7	
4								5
	5			6		2		
					1		8	
			5			1	9	3
				7			6	

138

DATE TIME

7				1			8	
						9		5
			5		6		2	
		2		7		8		
4								7
		5		2		1		
	9		8		1			
1		4						
	2			5				4

139

DATE

TIME

2		6				4		1
	4			1			9	
8								6
			4		6			
	9						6	
			5		9			
9								2
	6			7			3	
5		1				8		9

140

DATE

TIME

			9	8			7	
9					5	2		
	3							
	9		6		3			8
4								1
3			5		8		2	
							9	
		4	2					6
	1			7	4			

141

DATE TIME

	2			6		4		
4			9		2		6	
								5
	9				8		4	
6								1
	1		3				5	
5								
	3		5		7			2
		1		4			7	

142

DATE

TIME

	9				4			
2							4	
			7		1	6		
		4		8		1		5
			1		3			
6		2		9		7		
		5	2		8			
	8							6
			5				7	

143

DATE

TIME

			4		8			
		7				2		
	3			5			9	
8			7		9			2
		6				4		
2			1		4			6
	5			9			3	
		8				7		
			5		3			

144

DATE TIME

		7		4			5	
2					9	4		
	6							7
	2		5		3			
1				2				6
			9		6		8	
5							1	
		9	4					8
	7			5		9		

145

DATE TIME

	5			4	1			3
7				8		9		
							5	
			9					5
8	7						4	2
2					6			
	8							
		7		9				4
6			2	5			3	

146

DATE

TIME

		4		1		7		
	1				5		8	
		7				4		
	5		3		1			
9								7
			5		8		2	
		5				9		
	9		6				3	
		6		3		2		

147

DATE TIME

		6	1		8	9		
	1		7		5		4	
8		4				7		3
9		3				2		8
	4		8		7		5	
		7	6		3	8		

148

DATE **T**IME

			1		2			
		8		4				
		9			7	1	8	
5		7						4
	2						6	
3						2		7
	6	4	3			9		
				9		3		
			5		1			

149

DATE

TIME

	6		3		2		9	
9								5
				5				
8			7		4			6
		9		2		1		
2			1		8			7
				4				
1								8
	3		6		9		5	

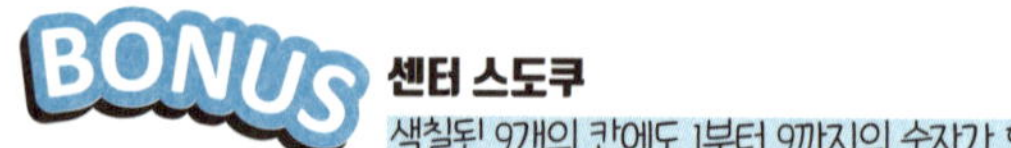

센터 스도쿠

색칠된 9개의 칸에도 1부터 9까지의 숫자가 한 번씩 들어가야 합니다.

DATE

TIME

2	5			4	3			1
						6		
3	8		5				7	
				2				7
7				3				
	4				1		8	5
		2						
1			2	5			3	6

SUDOKU
ANSWERS

001

9	1	5	2	3	4	6	7	8
6	2	3	7	1	8	4	5	9
4	7	8	5	6	9	2	1	3
3	4	2	6	5	7	9	8	1
5	6	9	1	8	2	3	4	7
1	8	7	4	9	3	5	2	6
2	3	6	8	4	1	7	9	5
7	5	1	9	2	6	8	3	4
8	9	4	3	7	5	1	6	2

002

8	5	3	4	6	2	7	9	1
1	4	6	7	8	9	5	2	3
7	2	9	3	1	5	4	6	8
4	6	1	8	7	3	9	5	2
3	7	5	2	9	4	8	1	6
9	8	2	6	5	1	3	4	7
2	9	4	1	3	7	6	8	5
5	3	8	9	2	6	1	7	4
6	1	7	5	4	8	2	3	9

003

3	7	4	6	5	8	9	1	2
1	2	5	4	3	9	6	7	8
6	8	9	7	1	2	3	4	5
7	5	6	8	4	1	2	9	3
4	9	8	2	6	3	7	5	1
2	1	3	9	7	5	8	6	4
5	3	2	1	9	6	4	8	7
8	6	7	5	2	4	1	3	9
9	4	1	3	8	7	5	2	6

004

3	6	7	1	2	9	8	5	4
4	8	2	5	6	7	1	9	3
5	9	1	3	4	8	6	7	2
8	3	6	7	9	2	4	1	5
1	7	4	6	5	3	2	8	9
9	2	5	8	1	4	3	6	7
6	4	3	9	7	1	5	2	8
7	5	8	2	3	6	9	4	1
2	1	9	4	8	5	7	3	6

005

9	5	4	1	3	6	2	7	8
6	7	3	2	8	9	1	4	5
1	2	8	4	5	7	3	6	9
2	6	5	8	7	1	9	3	4
3	8	7	6	9	4	5	1	2
4	9	1	3	2	5	6	8	7
5	3	2	7	6	8	4	9	1
7	1	6	9	4	2	8	5	3
8	4	9	5	1	3	7	2	6

006

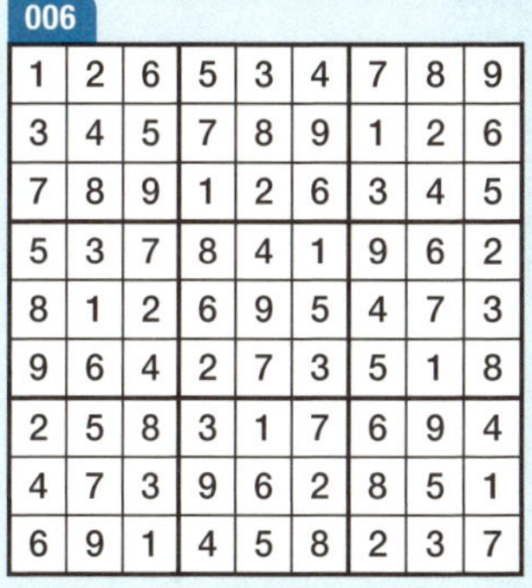

1	2	6	5	3	4	7	8	9
3	4	5	7	8	9	1	2	6
7	8	9	1	2	6	3	4	5
5	3	7	8	4	1	9	6	2
8	1	2	6	9	5	4	7	3
9	6	4	2	7	3	5	1	8
2	5	8	3	1	7	6	9	4
4	7	3	9	6	2	8	5	1
6	9	1	4	5	8	2	3	7

007

6	7	1	5	4	8	3	2	9
5	3	4	9	1	2	7	8	6
2	8	9	6	3	7	5	1	4
1	6	7	3	8	4	2	9	5
4	5	3	7	2	9	1	6	8
9	2	8	1	6	5	4	3	7
7	9	6	2	5	1	8	4	3
3	4	2	8	7	6	9	5	1
8	1	5	4	9	3	6	7	2

008

5	6	4	1	7	3	2	8	9
2	3	7	6	8	9	4	1	5
8	1	9	2	4	5	3	6	7
3	7	5	4	6	1	9	2	8
6	4	8	5	9	2	1	7	3
1	9	2	8	3	7	5	4	6
4	8	1	3	5	6	7	9	2
7	2	3	9	1	8	6	5	4
9	5	6	7	2	4	8	3	1

009

5	2	6	7	8	4	3	1	9
3	4	7	1	6	9	2	5	8
8	9	1	3	2	5	4	6	7
4	6	2	5	1	7	8	9	3
7	3	8	9	4	6	1	2	5
9	1	5	2	3	8	6	7	4
1	5	3	4	7	2	9	8	6
2	8	9	6	5	3	7	4	1
6	7	4	8	9	1	5	3	2

010

1	2	3	6	7	5	4	8	9
5	4	6	2	9	8	1	3	7
7	8	9	3	1	4	2	6	5
3	7	5	1	4	9	6	2	8
4	9	2	8	5	6	7	1	3
6	1	8	7	3	2	5	9	4
2	3	4	5	8	1	9	7	6
9	6	7	4	2	3	8	5	1
8	5	1	9	6	7	3	4	2

011

6	5	7	4	2	9	3	1	8
3	1	4	6	7	8	5	2	9
8	2	9	5	3	1	7	4	6
5	9	8	1	4	7	6	3	2
7	6	2	9	5	3	4	8	1
4	3	1	8	6	2	9	5	7
1	7	6	3	8	5	2	9	4
9	4	5	2	1	6	8	7	3
2	8	3	7	9	4	1	6	5

012

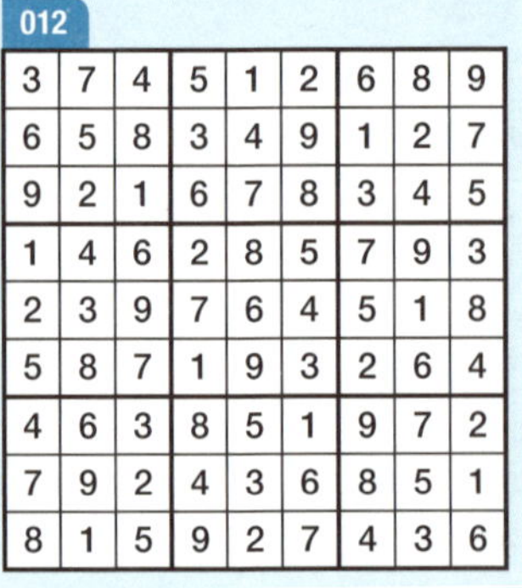

3	7	4	5	1	2	6	8	9
6	5	8	3	4	9	1	2	7
9	2	1	6	7	8	3	4	5
1	4	6	2	8	5	7	9	3
2	3	9	7	6	4	5	1	8
5	8	7	1	9	3	2	6	4
4	6	3	8	5	1	9	7	2
7	9	2	4	3	6	8	5	1
8	1	5	9	2	7	4	3	6

013

5	1	7	2	3	4	6	8	9
6	2	3	7	8	9	1	4	5
4	8	9	1	5	6	2	3	7
3	5	1	4	6	8	7	9	2
8	7	2	3	9	1	4	5	6
9	4	6	5	2	7	3	1	8
1	6	5	8	4	2	9	7	3
2	3	4	9	7	5	8	6	1
7	9	8	6	1	3	5	2	4

014

4	1	5	6	9	8	3	2	7
6	7	8	4	2	3	1	5	9
3	2	9	1	5	7	4	8	6
8	3	6	7	1	2	9	4	5
5	9	1	8	3	4	6	7	2
7	4	2	5	6	9	8	3	1
9	5	4	3	7	1	2	6	8
2	6	3	9	8	5	7	1	4
1	8	7	2	4	6	5	9	3

015

3	2	6	7	1	4	5	8	9
1	5	4	6	8	9	2	3	7
7	8	9	3	2	5	1	4	6
2	7	5	4	6	8	9	1	3
8	4	1	5	9	3	6	7	2
9	6	3	1	7	2	4	5	8
4	1	2	8	3	6	7	9	5
5	9	8	2	4	7	3	6	1
6	3	7	9	5	1	8	2	4

016

5	7	6	9	2	1	3	4	8
3	4	8	5	7	6	9	1	2
1	2	9	3	8	4	5	7	6
7	3	4	2	5	9	6	8	1
8	5	1	6	3	7	2	9	4
6	9	2	1	4	8	7	3	5
4	6	5	7	1	3	8	2	9
2	8	3	4	9	5	1	6	7
9	1	7	8	6	2	4	5	3

017

7	4	3	5	6	2	8	9	1
1	5	2	7	8	9	4	3	6
6	8	9	3	4	1	2	5	7
8	3	5	6	7	4	9	1	2
2	6	1	8	9	3	5	7	4
4	9	7	1	2	5	3	6	8
3	7	4	2	5	6	1	8	9
5	2	6	9	1	8	7	4	3
9	1	8	4	3	7	6	2	5

018

4	7	6	1	5	2	3	8	9
5	2	1	3	8	9	4	6	7
3	8	9	4	6	7	5	1	2
1	3	2	8	4	5	9	7	6
7	6	5	2	9	3	8	4	1
8	9	4	7	1	6	2	3	5
6	4	7	5	2	8	1	9	3
2	1	3	9	7	4	6	5	8
9	5	8	6	3	1	7	2	4

019

3	1	6	2	8	7	4	5	9
4	5	7	1	3	9	6	2	8
8	2	9	4	5	6	3	1	7
6	3	1	5	4	8	7	9	2
5	7	2	9	6	3	8	4	1
9	4	8	7	1	2	5	6	3
1	8	3	6	2	5	9	7	4
7	6	4	3	9	1	2	8	5
2	9	5	8	7	4	1	3	6

020

1	4	5	8	3	9	6	7	2
7	2	3	1	4	6	5	8	9
6	8	9	5	7	2	1	4	3
5	6	1	4	2	8	3	9	7
3	7	2	9	6	1	8	5	4
8	9	4	7	5	3	2	6	1
4	3	8	6	1	7	9	2	5
2	5	6	3	9	4	7	1	8
9	1	7	2	8	5	4	3	6

021

1	8	7	5	2	4	3	6	9
5	2	4	3	6	9	7	8	1
3	6	9	7	1	8	2	4	5
6	3	5	8	4	7	1	9	2
4	1	8	9	3	2	5	7	6
7	9	2	6	5	1	4	3	8
8	4	6	2	7	5	9	1	3
2	7	3	1	9	6	8	5	4
9	5	1	4	8	3	6	2	7

022

8	4	1	6	2	3	5	7	9
6	5	7	4	1	9	2	3	8
2	3	9	5	7	8	4	1	6
3	6	4	1	5	2	8	9	7
1	7	2	9	8	6	3	5	4
9	8	5	3	4	7	6	2	1
4	1	3	8	9	5	7	6	2
5	2	8	7	6	1	9	4	3
7	9	6	2	3	4	1	8	5

023

8	2	7	1	9	6	3	4	5
3	4	5	8	7	2	9	6	1
6	9	1	3	4	5	2	8	7
4	3	8	7	5	9	1	2	6
5	1	9	6	2	8	7	3	4
2	7	6	4	3	1	5	9	8
7	6	2	5	8	3	4	1	9
1	5	3	9	6	4	8	7	2
9	8	4	2	1	7	6	5	3

024

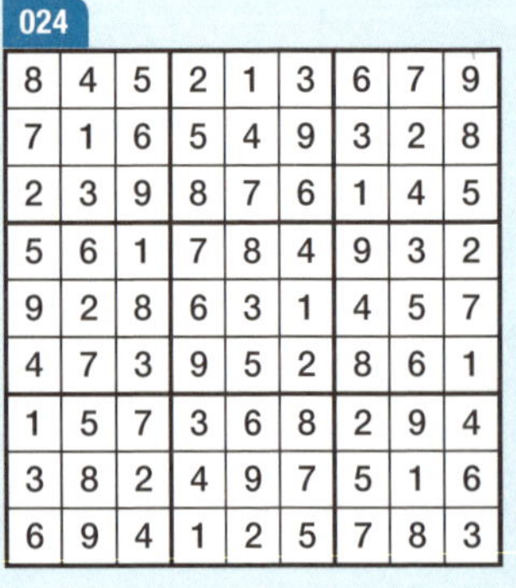

8	4	5	2	1	3	6	7	9
7	1	6	5	4	9	3	2	8
2	3	9	8	7	6	1	4	5
5	6	1	7	8	4	9	3	2
9	2	8	6	3	1	4	5	7
4	7	3	9	5	2	8	6	1
1	5	7	3	6	8	2	9	4
3	8	2	4	9	7	5	1	6
6	9	4	1	2	5	7	8	3

025

2	3	1	4	5	6	7	8	9
5	4	6	7	8	9	2	3	1
7	8	9	3	2	1	4	5	6
3	6	2	1	7	4	8	9	5
4	7	8	9	3	5	1	6	2
9	1	5	2	6	8	3	4	7
6	2	3	5	4	7	9	1	8
1	5	4	8	9	2	6	7	3
8	9	7	6	1	3	5	2	4

026

5	6	4	1	2	3	7	8	9
3	7	8	4	5	9	1	2	6
1	2	9	6	7	8	3	4	5
2	5	1	7	8	4	9	6	3
7	4	3	2	9	6	8	5	1
9	8	6	3	1	5	2	7	4
4	9	2	5	3	7	6	1	8
6	3	7	8	4	1	5	9	2
8	1	5	9	6	2	4	3	7

027

5	8	6	7	2	3	1	4	9
7	9	4	1	5	6	2	3	8
1	2	3	4	8	9	5	6	7
2	5	1	6	7	4	8	9	3
8	3	7	9	1	5	4	2	6
4	6	9	2	3	8	7	5	1
3	7	2	5	6	1	9	8	4
6	4	5	8	9	7	3	1	2
9	1	8	3	4	2	6	7	5

028

9	8	6	1	5	3	2	4	7
5	1	4	2	7	9	6	3	8
2	3	7	4	6	8	5	9	1
1	5	2	8	3	4	7	6	9
4	7	3	9	2	6	1	8	5
6	9	8	5	1	7	3	2	4
3	4	1	6	8	5	9	7	2
7	2	9	3	4	1	8	5	6
8	6	5	7	9	2	4	1	3

029

2	3	6	4	1	5	7	8	9
5	4	7	3	8	9	6	1	2
8	1	9	6	2	7	3	4	5
3	9	4	7	5	1	2	6	8
1	5	2	8	6	3	4	9	7
6	7	8	2	9	4	5	3	1
4	2	5	1	3	8	9	7	6
7	6	1	9	4	2	8	5	3
9	8	3	5	7	6	1	2	4

030

BONUS

6	4	9	3	2	1	5	7	8
1	7	8	4	5	6	3	9	2
3	5	2	7	9	8	4	6	1
9	1	6	2	3	5	7	8	4
4	3	5	8	7	9	2	1	6
8	2	7	1	6	4	9	3	5
2	9	1	6	4	7	8	5	3
5	6	3	9	8	2	1	4	7
7	8	4	5	1	3	6	2	9

031

9	4	2	1	5	3	6	7	8
5	6	7	4	2	8	3	9	1
1	3	8	6	7	9	2	4	5
4	7	1	8	3	2	9	5	6
3	8	6	5	9	1	4	2	7
2	5	9	7	4	6	1	8	3
6	2	3	9	8	7	5	1	4
7	1	4	2	6	5	8	3	9
8	9	5	3	1	4	7	6	2

032

3	7	1	6	4	9	2	5	8
6	2	4	5	8	7	3	1	9
5	8	9	3	1	2	7	4	6
2	3	6	1	9	5	8	7	4
4	9	5	8	7	3	1	6	2
7	1	8	2	6	4	5	9	3
1	4	2	7	3	6	9	8	5
9	5	7	4	2	8	6	3	1
8	6	3	9	5	1	4	2	7

033

5	6	2	1	7	9	8	3	4
3	4	7	6	2	8	5	9	1
8	1	9	3	4	5	6	2	7
7	5	6	2	9	3	4	1	8
9	3	4	5	8	1	7	6	2
2	8	1	7	6	4	3	5	9
6	7	5	8	1	2	9	4	3
4	2	3	9	5	7	1	8	6
1	9	8	4	3	6	2	7	5

034

2	8	6	1	4	5	3	7	9
3	1	4	7	8	9	2	5	6
5	7	9	3	2	6	4	8	1
4	3	1	2	6	7	8	9	5
7	2	5	8	9	1	6	3	4
6	9	8	4	5	3	1	2	7
8	4	7	9	1	2	5	6	3
9	5	2	6	3	4	7	1	8
1	6	3	5	7	8	9	4	2

035

1	7	8	6	2	4	3	5	9
2	3	4	5	8	9	6	7	1
5	6	9	1	3	7	4	2	8
4	1	3	7	5	2	9	8	6
8	9	5	3	4	6	2	1	7
6	2	7	8	9	1	5	3	4
3	4	1	9	7	5	8	6	2
7	5	2	4	6	8	1	9	3
9	8	6	2	1	3	7	4	5

036

3	8	4	6	2	5	7	9	1
5	1	2	7	8	9	3	4	6
6	7	9	3	1	4	2	5	8
4	2	1	5	6	7	9	8	3
7	5	3	9	4	8	6	1	2
8	9	6	1	3	2	4	7	5
9	3	7	2	5	1	8	6	4
2	4	5	8	7	6	1	3	9
1	6	8	4	9	3	5	2	7

037

1	4	5	3	6	7	2	8	9
3	6	7	2	8	9	1	4	5
2	8	9	4	1	5	3	6	7
4	1	3	7	2	6	5	9	8
8	5	6	9	3	1	4	7	2
7	9	2	5	4	8	6	1	3
5	2	1	8	7	4	9	3	6
6	3	8	1	9	2	7	5	4
9	7	4	6	5	3	8	2	1

038

4	5	6	2	7	3	8	9	1
7	3	9	1	8	6	5	4	2
1	2	8	4	5	9	7	6	3
2	9	7	6	3	1	4	5	8
3	8	4	5	9	2	1	7	6
5	6	1	8	4	7	2	3	9
6	4	2	9	1	5	3	8	7
8	1	3	7	6	4	9	2	5
9	7	5	3	2	8	6	1	4

039

4	2	5	1	3	6	7	8	9
6	7	1	5	8	9	4	2	3
3	8	9	4	2	7	1	5	6
5	3	6	8	1	4	9	7	2
7	4	2	6	9	3	5	1	8
1	9	8	2	7	5	3	6	4
2	5	3	7	4	8	6	9	1
8	6	4	9	5	1	2	3	7
9	1	7	3	6	2	8	4	5

040

7	4	1	5	2	3	6	8	9
5	2	3	6	8	9	4	7	1
6	8	9	4	1	7	2	3	5
3	5	6	7	4	8	9	1	2
1	7	2	3	9	5	8	4	6
8	9	4	2	6	1	3	5	7
2	3	5	9	7	4	1	6	8
4	6	8	1	5	2	7	9	3
9	1	7	8	3	6	5	2	4

041

6	3	4	5	7	8	2	9	1
7	2	5	1	6	9	3	4	8
8	1	9	3	2	4	5	6	7
9	4	1	2	5	6	7	8	3
3	5	6	8	9	7	4	1	2
2	7	8	4	3	1	6	5	9
4	6	3	9	1	2	8	7	5
1	8	2	7	4	5	9	3	6
5	9	7	6	8	3	1	2	4

042

5	6	3	7	8	4	1	2	9
7	2	4	6	1	9	3	5	8
1	8	9	2	3	5	4	6	7
2	7	5	8	4	6	9	1	3
8	3	6	5	9	1	7	4	2
9	4	1	3	2	7	5	8	6
3	5	7	1	6	2	8	9	4
4	1	2	9	7	8	6	3	5
6	9	8	4	5	3	2	7	1

043

3	2	7	4	5	6	8	9	1
1	8	6	3	2	9	5	4	7
5	4	9	1	8	7	3	2	6
4	9	2	8	6	3	1	7	5
6	5	8	2	7	1	4	3	9
7	3	1	9	4	5	6	8	2
2	1	3	6	9	4	7	5	8
8	7	4	5	1	2	9	6	3
9	6	5	7	3	8	2	1	4

044

9	1	4	3	5	6	2	7	8
2	3	5	7	8	9	4	1	6
6	7	8	2	4	1	3	5	9
4	5	9	6	1	2	8	3	7
8	2	3	5	7	4	6	9	1
1	6	7	8	9	3	5	2	4
3	4	6	1	2	7	9	8	5
5	9	1	4	3	8	7	6	2
7	8	2	9	6	5	1	4	3

045

9	8	3	6	5	2	4	7	1
1	4	2	7	3	8	5	6	9
5	6	7	4	9	1	2	3	8
4	1	5	2	7	3	8	9	6
3	2	6	8	1	9	7	5	4
7	9	8	5	4	6	3	1	2
6	5	1	3	2	4	9	8	7
2	3	9	1	8	7	6	4	5
8	7	4	9	6	5	1	2	3

046

6	8	1	4	5	3	2	7	9
2	3	4	7	8	9	5	1	6
5	7	9	6	1	2	3	4	8
3	6	5	8	7	1	9	2	4
8	1	7	2	9	4	6	3	5
4	9	2	3	6	5	7	8	1
7	5	3	1	4	6	8	9	2
9	4	8	5	2	7	1	6	3
1	2	6	9	3	8	4	5	7

047

4	1	5	2	6	3	7	8	9
2	6	3	7	8	9	4	5	1
7	8	9	1	4	5	2	3	6
3	4	1	5	2	6	8	9	7
5	2	6	9	7	8	1	4	3
8	9	7	3	1	4	5	6	2
6	3	2	4	5	1	9	7	8
9	7	4	8	3	2	6	1	5
1	5	8	6	9	7	3	2	4

048

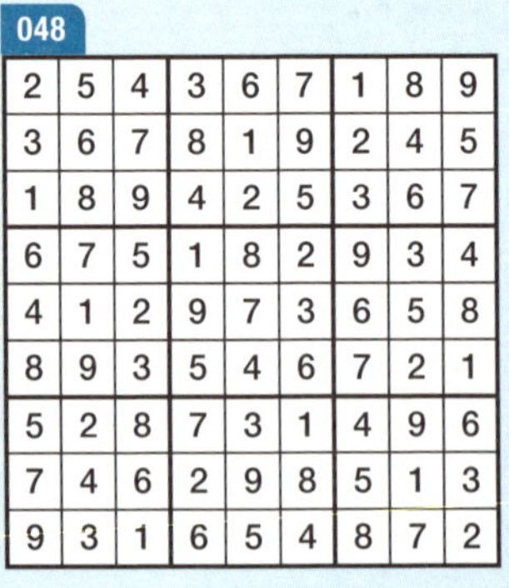

2	5	4	3	6	7	1	8	9
3	6	7	8	1	9	2	4	5
1	8	9	4	2	5	3	6	7
6	7	5	1	8	2	9	3	4
4	1	2	9	7	3	6	5	8
8	9	3	5	4	6	7	2	1
5	2	8	7	3	1	4	9	6
7	4	6	2	9	8	5	1	3
9	3	1	6	5	4	8	7	2

049

9	2	3	4	5	6	7	1	8
4	5	1	7	8	9	2	3	6
6	7	8	3	1	2	4	5	9
5	8	4	9	6	3	1	7	2
3	6	7	1	2	5	9	8	4
1	9	2	8	4	7	5	6	3
2	1	6	5	9	8	3	4	7
7	4	9	6	3	1	8	2	5
8	3	5	2	7	4	6	9	1

050

9	3	4	5	1	2	6	7	8
5	2	6	7	8	9	3	1	4
1	7	8	3	4	6	2	5	9
6	1	5	2	7	4	8	9	3
3	4	7	9	6	8	5	2	1
2	8	9	1	3	5	4	6	7
4	5	1	6	9	3	7	8	2
7	6	3	8	2	1	9	4	5
8	9	2	4	5	7	1	3	6

051

3	5	2	6	1	4	7	8	9
4	6	7	5	8	9	2	1	3
8	9	1	2	3	7	4	5	6
2	7	8	1	4	6	9	3	5
9	3	5	8	7	2	1	6	4
1	4	6	3	9	5	8	2	7
5	1	4	7	2	3	6	9	8
6	2	9	4	5	8	3	7	1
7	8	3	9	6	1	5	4	2

052

5	2	1	3	6	4	7	8	9
6	3	4	7	8	9	1	2	5
7	8	9	2	1	5	3	4	6
4	1	7	5	3	2	9	6	8
8	5	3	4	9	6	2	1	7
9	6	2	1	7	8	4	5	3
1	4	6	9	5	3	8	7	2
2	9	5	8	4	7	6	3	1
3	7	8	6	2	1	5	9	4

053

8	2	3	4	5	6	7	1	9
5	4	1	7	8	9	2	3	6
6	7	9	2	3	1	4	5	8
4	6	5	1	7	2	8	9	3
3	8	2	5	9	4	1	6	7
1	9	7	3	6	8	5	2	4
2	3	4	9	1	7	6	8	5
7	5	6	8	2	3	9	4	1
9	1	8	6	4	5	3	7	2

054

8	3	2	4	5	6	7	9	1
5	4	1	7	8	9	6	2	3
6	7	9	1	2	3	4	5	8
3	6	5	2	7	1	8	4	9
1	8	4	3	9	5	2	7	6
2	9	7	8	6	4	3	1	5
4	2	3	5	1	8	9	6	7
7	5	6	9	3	2	1	8	4
9	1	8	6	4	7	5	3	2

055

4	8	7	5	1	3	2	6	9
1	2	3	6	8	9	4	5	7
5	6	9	2	4	7	1	3	8
2	7	5	8	3	1	6	9	4
6	3	1	4	9	2	7	8	5
8	9	4	7	5	6	3	1	2
3	1	2	9	7	8	5	4	6
7	4	8	3	6	5	9	2	1
9	5	6	1	2	4	8	7	3

056

8	1	2	3	4	5	6	7	9
3	4	5	6	7	9	8	1	2
6	7	9	2	1	8	3	4	5
1	5	3	7	6	2	9	8	4
7	8	4	9	5	1	2	3	6
2	9	6	4	8	3	1	5	7
4	2	7	8	3	6	5	9	1
5	6	8	1	9	4	7	2	3
9	3	1	5	2	7	4	6	8

057

5	4	7	2	3	6	8	1	9
6	8	3	7	9	1	4	2	5
9	2	1	4	5	8	3	6	7
2	1	4	8	6	5	7	9	3
3	5	6	9	7	4	2	8	1
7	9	8	1	2	3	5	4	6
1	3	2	5	4	9	6	7	8
4	6	9	3	8	7	1	5	2
8	7	5	6	1	2	9	3	4

058

6	7	8	4	5	1	2	3	9
1	5	4	3	2	9	6	7	8
2	3	9	6	7	8	4	1	5
5	4	2	1	8	3	7	9	6
8	9	6	7	4	2	1	5	3
3	1	7	9	6	5	8	2	4
4	2	3	5	1	6	9	8	7
7	8	5	2	9	4	3	6	1
9	6	1	8	3	7	5	4	2

059

7	2	1	3	4	5	6	8	9
4	3	5	6	8	9	2	7	1
6	8	9	2	7	1	3	4	5
3	5	6	8	1	4	9	2	7
8	9	7	5	6	2	4	1	3
1	4	2	7	9	3	5	6	8
5	7	4	9	2	8	1	3	6
2	6	3	1	5	7	8	9	4
9	1	8	4	3	6	7	5	2

BONUS

060

2	9	1	4	7	8	3	5	6
8	7	6	5	9	3	2	4	1
3	4	5	1	6	2	9	8	7
7	3	8	9	5	4	1	6	2
5	1	4	7	2	6	8	3	9
6	2	9	8	3	1	4	7	5
1	8	7	6	4	9	5	2	3
9	5	2	3	8	7	6	1	4
4	6	3	2	1	5	7	9	8

061

8	4	3	1	2	5	6	7	9
5	6	7	3	4	9	8	1	2
9	1	2	6	7	8	3	4	5
6	2	4	5	1	7	9	8	3
3	7	5	8	9	4	1	2	6
1	8	9	2	3	6	4	5	7
2	3	6	4	5	1	7	9	8
4	9	8	7	6	2	5	3	1
7	5	1	9	8	3	2	6	4

062

2	3	4	5	6	7	8	9	1
5	6	1	2	8	9	4	3	7
7	8	9	3	1	4	5	2	6
6	4	2	7	5	1	3	8	9
8	9	5	4	3	6	1	7	2
1	7	3	8	9	2	6	5	4
3	2	6	1	7	5	9	4	8
4	1	8	9	2	3	7	6	5
9	5	7	6	4	8	2	1	3

063

8	9	3	5	6	1	4	2	7
5	4	2	7	3	8	1	6	9
6	1	7	4	2	9	3	5	8
1	6	4	8	5	2	7	9	3
7	3	5	6	9	4	8	1	2
9	2	8	1	7	3	5	4	6
2	7	9	3	1	5	6	8	4
3	8	1	2	4	6	9	7	5
4	5	6	9	8	7	2	3	1

064

1	2	3	4	5	6	7	8	9
6	4	5	7	8	9	3	2	1
7	8	9	1	2	3	4	5	6
4	3	2	8	6	1	5	9	7
5	9	6	2	7	4	8	1	3
8	1	7	3	9	5	2	6	4
3	5	4	6	1	2	9	7	8
2	6	8	9	3	7	1	4	5
9	7	1	5	4	8	6	3	2

065

6	2	3	4	5	7	8	1	9
1	4	5	6	8	9	2	3	7
7	8	9	2	1	3	4	5	6
8	5	6	1	2	4	9	7	3
4	3	2	9	7	5	1	6	8
9	7	1	8	3	6	5	2	4
2	6	4	3	9	1	7	8	5
3	1	7	5	4	8	6	9	2
5	9	8	7	6	2	3	4	1

066

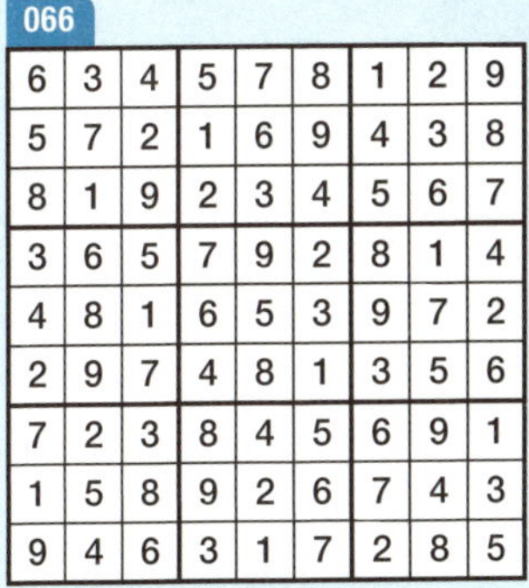

6	3	4	5	7	8	1	2	9
5	7	2	1	6	9	4	3	8
8	1	9	2	3	4	5	6	7
3	6	5	7	9	2	8	1	4
4	8	1	6	5	3	9	7	2
2	9	7	4	8	1	3	5	6
7	2	3	8	4	5	6	9	1
1	5	8	9	2	6	7	4	3
9	4	6	3	1	7	2	8	5

067

2	3	1	4	5	6	7	8	9
4	5	6	7	8	9	2	1	3
7	8	9	1	2	3	4	5	6
3	9	5	6	4	2	8	7	1
1	4	7	8	3	5	6	9	2
6	2	8	9	1	7	3	4	5
5	7	3	2	9	4	1	6	8
8	6	2	5	7	1	9	3	4
9	1	4	3	6	8	5	2	7

068

6	1	2	3	4	5	7	8	9
3	5	4	7	8	9	2	6	1
7	8	9	2	1	6	3	4	5
8	3	5	4	7	1	6	9	2
9	4	6	5	2	3	8	1	7
1	2	7	6	9	8	4	5	3
4	7	8	1	5	2	9	3	6
2	6	1	9	3	4	5	7	8
5	9	3	8	6	7	1	2	4

069

7	4	6	2	5	3	8	9	1
3	2	5	1	8	9	4	6	7
1	8	9	4	6	7	2	3	5
2	1	7	8	3	6	5	4	9
9	5	3	7	4	2	1	8	6
8	6	4	5	9	1	3	7	2
4	3	2	6	7	5	9	1	8
5	7	8	9	1	4	6	2	3
6	9	1	3	2	8	7	5	4

070

7	8	4	6	1	5	2	3	9
3	5	6	2	8	9	4	1	7
1	2	9	3	4	7	5	6	8
2	1	5	7	3	6	8	9	4
8	4	3	9	2	1	7	5	6
6	9	7	4	5	8	1	2	3
4	3	8	5	6	2	9	7	1
5	7	1	8	9	3	6	4	2
9	6	2	1	7	4	3	8	5

071

8	2	6	5	3	4	7	9	1
7	1	3	2	6	9	4	5	8
4	5	9	7	1	8	2	3	6
6	3	8	4	9	2	1	7	5
5	4	2	3	7	1	8	6	9
9	7	1	8	5	6	3	2	4
1	8	5	6	2	3	9	4	7
2	6	4	9	8	7	5	1	3
3	9	7	1	4	5	6	8	2

072

3	1	6	2	4	5	7	8	9
7	2	4	8	9	1	5	3	6
5	8	9	3	6	7	2	1	4
4	3	5	6	1	2	8	9	7
9	6	2	5	7	8	3	4	1
8	7	1	4	3	9	6	2	5
6	4	7	1	2	3	9	5	8
2	9	8	7	5	4	1	6	3
1	5	3	9	8	6	4	7	2

073

7	3	4	6	5	8	2	9	1
2	1	5	3	4	9	6	7	8
6	8	9	2	7	1	3	4	5
1	6	2	8	3	4	9	5	7
5	4	3	7	9	6	8	1	2
8	9	7	1	2	5	4	3	6
3	5	8	4	1	2	7	6	9
4	2	1	9	6	7	5	8	3
9	7	6	5	8	3	1	2	4

074

6	5	1	3	2	4	7	8	9
9	4	3	8	7	5	1	2	6
2	7	8	1	6	9	3	4	5
4	9	6	7	3	1	8	5	2
8	3	2	5	9	6	4	1	7
7	1	5	4	8	2	6	9	3
1	2	7	9	4	3	5	6	8
5	8	9	6	1	7	2	3	4
3	6	4	2	5	8	9	7	1

075

7	2	1	3	4	5	6	8	9
3	4	5	6	8	9	2	7	1
6	8	9	1	2	7	3	4	5
5	1	6	8	3	4	9	2	7
8	3	2	7	9	6	5	1	4
9	7	4	2	5	1	8	3	6
2	6	7	5	1	3	4	9	8
4	5	3	9	7	8	1	6	2
1	9	8	4	6	2	7	5	3

고수

076

2	5	4	8	9	3	7	1	6
1	9	7	2	6	5	4	3	8
3	6	8	7	1	4	9	5	2
4	2	9	1	8	7	5	6	3
6	7	5	9	3	2	8	4	1
8	3	1	5	4	6	2	7	9
9	1	3	4	7	8	6	2	5
7	8	2	6	5	1	3	9	4
5	4	6	3	2	9	1	8	7

077

2	3	6	4	9	8	5	7	1
1	9	8	5	6	7	3	2	4
7	5	4	2	1	3	9	6	8
6	1	9	3	4	5	7	8	2
8	4	5	7	2	1	6	3	9
3	7	2	9	8	6	4	1	5
9	2	1	6	3	4	8	5	7
4	6	7	8	5	2	1	9	3
5	8	3	1	7	9	2	4	6

078

2	4	8	6	1	7	9	5	3
5	7	1	9	8	3	4	6	2
6	9	3	2	4	5	1	8	7
7	5	4	8	3	6	2	9	1
1	8	9	7	2	4	6	3	5
3	6	2	1	5	9	8	7	4
9	2	6	5	7	1	3	4	8
8	3	5	4	9	2	7	1	6
4	1	7	3	6	8	5	2	9

079

6	8	7	4	3	2	1	9	5
2	4	9	8	5	1	3	6	7
1	3	5	6	7	9	4	2	8
4	7	2	3	1	6	5	8	9
9	6	8	5	2	4	7	3	1
3	5	1	7	9	8	6	4	2
5	9	6	2	4	7	8	1	3
7	2	4	1	8	3	9	5	6
8	1	3	9	6	5	2	7	4

080

7	2	8	3	6	1	5	4	9
3	4	5	2	9	8	1	6	7
6	1	9	5	4	7	8	2	3
5	8	4	6	3	9	2	7	1
9	7	2	4	1	5	6	3	8
1	3	6	8	7	2	9	5	4
8	6	7	9	2	3	4	1	5
4	9	3	1	5	6	7	8	2
2	5	1	7	8	4	3	9	6

081

2	3	8	4	1	7	9	6	5
4	1	5	9	6	8	7	3	2
6	9	7	3	5	2	4	8	1
5	4	1	2	8	3	6	9	7
8	2	9	7	4	6	5	1	3
7	6	3	5	9	1	2	4	8
1	7	4	8	2	9	3	5	6
9	8	2	6	3	5	1	7	4
3	5	6	1	7	4	8	2	9

082

7	4	6	3	2	9	5	8	1
5	9	1	6	4	8	2	3	7
8	3	2	5	7	1	6	4	9
2	6	5	9	1	3	4	7	8
9	1	8	4	6	7	3	5	2
3	7	4	8	5	2	9	1	6
1	8	9	2	3	4	7	6	5
6	2	3	7	8	5	1	9	4
4	5	7	1	9	6	8	2	3

083

9	7	2	1	4	3	5	8	6
5	3	6	9	8	7	1	2	4
1	4	8	2	5	6	3	9	7
4	8	1	7	3	5	9	6	2
7	2	5	8	6	9	4	1	3
6	9	3	4	2	1	7	5	8
3	6	9	5	7	8	2	4	1
2	1	7	6	9	4	8	3	5
8	5	4	3	1	2	6	7	9

084

2	3	5	1	7	8	6	9	4
8	9	7	6	4	5	2	1	3
1	6	4	9	3	2	8	5	7
9	4	8	2	5	7	3	6	1
7	2	1	3	6	9	5	4	8
6	5	3	8	1	4	9	7	2
5	8	2	7	9	1	4	3	6
3	7	9	4	2	6	1	8	5
4	1	6	5	8	3	7	2	9

085

9	8	7	1	3	4	6	5	2
3	5	4	9	6	2	7	1	8
1	6	2	8	5	7	4	3	9
6	7	3	5	4	9	2	8	1
8	2	9	3	1	6	5	4	7
5	4	1	2	7	8	9	6	3
4	3	8	7	9	5	1	2	6
2	9	6	4	8	1	3	7	5
7	1	5	6	2	3	8	9	4

086

3	2	6	9	7	1	4	5	8
5	9	8	4	2	3	6	7	1
7	1	4	5	6	8	9	3	2
1	3	5	6	8	2	7	4	9
4	8	2	7	3	9	5	1	6
6	7	9	1	4	5	8	2	3
2	5	3	8	9	4	1	6	7
9	6	1	3	5	7	2	8	4
8	4	7	2	1	6	3	9	5

087

4	6	9	1	8	2	7	3	5
5	3	1	9	4	7	6	2	8
7	8	2	6	3	5	1	4	9
9	1	5	3	7	6	2	8	4
3	2	8	4	1	9	5	7	6
6	7	4	5	2	8	3	9	1
8	5	6	7	9	3	4	1	2
2	4	3	8	6	1	9	5	7
1	9	7	2	5	4	8	6	3

088

4	8	6	1	3	5	9	7	2
1	3	5	2	9	7	4	8	6
2	7	9	8	4	6	1	5	3
5	9	1	6	2	4	8	3	7
3	6	7	9	8	1	2	4	5
8	4	2	7	5	3	6	1	9
6	5	8	3	1	9	7	2	4
7	2	3	4	6	8	5	9	1
9	1	4	5	7	2	3	6	8

089

2	4	8	3	6	5	7	9	1
3	1	7	8	2	9	4	6	5
5	9	6	7	1	4	2	3	8
7	2	1	6	8	3	9	5	4
8	3	9	5	4	7	1	2	6
6	5	4	1	9	2	8	7	3
1	8	5	2	7	6	3	4	9
9	7	3	4	5	8	6	1	2
4	6	2	9	3	1	5	8	7

090 BONUS

6	1	4	7	9	2	5	3	8
7	5	2	4	8	3	9	6	1
3	9	8	6	1	5	4	2	7
9	2	6	3	5	7	8	1	4
5	4	3	1	2	8	7	9	6
8	7	1	9	6	4	3	5	2
4	6	5	2	7	9	1	8	3
2	3	9	8	4	1	6	7	5
1	8	7	5	3	6	2	4	9

091

5	7	1	6	9	4	3	8	2
4	3	9	5	2	8	6	7	1
6	2	8	1	3	7	9	5	4
7	5	2	3	6	9	4	1	8
9	4	3	8	1	5	2	6	7
1	8	6	4	7	2	5	9	3
8	6	4	7	5	3	1	2	9
3	9	5	2	8	1	7	4	6
2	1	7	9	4	6	8	3	5

092

2	3	7	4	1	9	6	8	5
9	6	8	5	7	3	2	4	1
4	1	5	8	2	6	3	7	9
8	4	9	1	6	5	7	3	2
7	5	1	3	8	2	4	9	6
6	2	3	7	9	4	5	1	8
3	9	4	6	5	1	8	2	7
5	8	2	9	4	7	1	6	3
1	7	6	2	3	8	9	5	4

093

1	7	3	2	9	8	4	6	5
4	6	2	7	5	3	1	9	8
9	5	8	6	4	1	7	2	3
3	1	4	8	2	6	9	5	7
6	8	9	3	7	5	2	1	4
7	2	5	4	1	9	3	8	6
2	3	1	5	8	7	6	4	9
8	4	6	9	3	2	5	7	1
5	9	7	1	6	4	8	3	2

094

4	6	1	9	5	8	7	2	3
7	9	3	2	6	4	1	5	8
5	2	8	3	1	7	4	6	9
6	4	9	7	8	5	2	3	1
2	1	5	6	4	3	8	9	7
3	8	7	1	9	2	6	4	5
8	5	2	4	7	9	3	1	6
9	3	6	8	2	1	5	7	4
1	7	4	5	3	6	9	8	2

095

7	3	5	9	6	4	1	8	2
1	6	9	2	7	8	5	3	4
2	8	4	5	3	1	9	6	7
5	2	3	7	9	6	4	1	8
9	4	7	8	1	3	6	2	5
8	1	6	4	2	5	3	7	9
4	5	1	6	8	2	7	9	3
6	7	2	3	5	9	8	4	1
3	9	8	1	4	7	2	5	6

096

9	3	1	8	2	5	4	7	6
5	4	7	9	1	6	8	3	2
2	6	8	7	4	3	1	5	9
6	8	5	2	3	9	7	4	1
4	1	9	5	7	8	6	2	3
7	2	3	4	6	1	5	9	8
8	5	2	1	9	7	3	6	4
1	9	6	3	5	4	2	8	7
3	7	4	6	8	2	9	1	5

097

2	6	5	9	7	1	8	4	3
4	1	3	8	6	5	7	2	9
8	7	9	2	4	3	5	6	1
6	3	4	7	2	9	1	5	8
1	9	8	3	5	6	4	7	2
5	2	7	4	1	8	9	3	6
7	5	1	6	8	2	3	9	4
3	4	2	1	9	7	6	8	5
9	8	6	5	3	4	2	1	7

098

1	3	9	5	7	8	2	6	4
7	2	5	4	6	9	8	3	1
8	6	4	1	2	3	9	7	5
5	4	7	9	1	6	3	8	2
3	9	1	7	8	2	4	5	6
6	8	2	3	5	4	7	1	9
2	5	3	8	9	1	6	4	7
9	1	8	6	4	7	5	2	3
4	7	6	2	3	5	1	9	8

099

9	3	6	8	7	4	5	1	2
2	4	8	5	6	1	3	9	7
1	5	7	2	9	3	4	6	8
6	2	3	7	1	5	8	4	9
4	9	5	6	2	8	1	7	3
7	8	1	3	4	9	6	2	5
8	7	4	1	3	2	9	5	6
3	6	9	4	5	7	2	8	1
5	1	2	9	8	6	7	3	4

100

1	3	7	9	8	2	5	4	6
2	5	4	3	6	7	1	8	9
8	9	6	4	1	5	3	7	2
5	6	2	8	3	1	4	9	7
3	4	9	5	7	6	8	2	1
7	8	1	2	4	9	6	5	3
4	7	3	1	9	8	2	6	5
6	1	5	7	2	4	9	3	8
9	2	8	6	5	3	7	1	4

101

9	3	2	8	4	7	6	5	1
5	4	6	3	9	1	8	2	7
8	1	7	5	6	2	3	9	4
1	9	3	7	8	5	4	6	2
6	5	8	9	2	4	1	7	3
2	7	4	6	1	3	9	8	5
3	6	1	2	5	9	7	4	8
7	2	9	4	3	8	5	1	6
4	8	5	1	7	6	2	3	9

102

2	4	8	7	3	5	6	1	9
9	7	1	8	6	4	2	3	5
3	6	5	9	1	2	8	7	4
5	8	7	6	9	3	1	4	2
6	2	3	1	4	7	5	9	8
1	9	4	5	2	8	3	6	7
4	1	9	2	5	6	7	8	3
8	3	2	4	7	1	9	5	6
7	5	6	3	8	9	4	2	1

103

4	6	8	9	3	5	1	2	7
1	5	7	6	2	8	9	4	3
9	3	2	7	1	4	6	8	5
3	7	4	2	9	6	8	5	1
8	2	6	1	5	7	4	3	9
5	1	9	4	8	3	7	6	2
2	4	1	3	6	9	5	7	8
6	8	3	5	7	1	2	9	4
7	9	5	8	4	2	3	1	6

104

9	4	2	5	8	6	7	3	1
1	7	8	9	4	3	5	2	6
3	6	5	7	1	2	4	9	8
7	3	6	8	2	4	1	5	9
8	2	9	3	5	1	6	4	7
5	1	4	6	7	9	2	8	3
6	5	1	2	9	8	3	7	4
4	9	7	1	3	5	8	6	2
2	8	3	4	6	7	9	1	5

105

8	2	4	7	3	9	1	6	5
9	3	6	5	1	4	2	7	8
7	1	5	6	8	2	3	4	9
3	7	9	2	5	1	4	8	6
4	8	1	3	6	7	9	5	2
5	6	2	9	4	8	7	3	1
2	5	3	4	9	6	8	1	7
1	4	7	8	2	5	6	9	3
6	9	8	1	7	3	5	2	4

106

1	9	8	5	3	7	2	6	4
6	2	3	9	4	8	5	1	7
5	7	4	1	2	6	3	8	9
3	8	9	4	6	1	7	2	5
2	1	6	7	9	5	4	3	8
4	5	7	2	8	3	6	9	1
9	3	2	8	7	4	1	5	6
7	6	1	3	5	9	8	4	2
8	4	5	6	1	2	9	7	3

107

1	7	2	3	4	6	5	9	8
3	6	5	8	2	9	4	1	7
9	8	4	7	1	5	3	6	2
8	2	7	1	5	4	6	3	9
5	1	3	9	6	8	2	7	4
6	4	9	2	3	7	1	8	5
7	5	6	4	8	3	9	2	1
2	3	8	5	9	1	7	4	6
4	9	1	6	7	2	8	5	3

108

5	1	2	7	3	9	6	4	8
3	9	7	8	4	6	5	2	1
6	8	4	5	2	1	7	9	3
1	6	5	9	8	4	2	3	7
2	7	9	3	6	5	1	8	4
4	3	8	2	1	7	9	5	6
7	5	6	4	9	8	3	1	2
9	4	3	1	7	2	8	6	5
8	2	1	6	5	3	4	7	9

109

3	6	7	1	2	9	8	4	5
5	2	8	3	4	7	6	9	1
4	9	1	5	8	6	2	7	3
7	3	9	8	5	2	1	6	4
1	8	4	6	9	3	5	2	7
6	5	2	4	7	1	9	3	8
2	7	5	9	1	4	3	8	6
9	1	6	7	3	8	4	5	2
8	4	3	2	6	5	7	1	9

110

1	4	3	2	7	6	9	5	8
8	6	5	4	9	1	2	7	3
2	9	7	3	5	8	1	4	6
6	2	1	7	3	4	8	9	5
9	3	8	6	2	5	7	1	4
7	5	4	8	1	9	3	6	2
4	7	6	9	8	2	5	3	1
5	8	9	1	4	3	6	2	7
3	1	2	5	6	7	4	8	9

111

4	9	1	3	7	8	5	6	2
6	8	2	5	9	1	3	4	7
7	5	3	6	2	4	1	9	8
8	4	9	1	5	6	7	2	3
1	6	7	2	3	9	4	8	5
2	3	5	8	4	7	9	1	6
5	2	6	9	1	3	8	7	4
3	1	4	7	8	2	6	5	9
9	7	8	4	6	5	2	3	1

112

1	6	7	5	4	9	2	3	8
8	9	3	1	7	2	5	4	6
4	2	5	3	8	6	1	7	9
7	3	2	6	9	5	4	8	1
9	1	6	8	2	4	7	5	3
5	4	8	7	3	1	9	6	2
6	5	4	9	1	8	3	2	7
2	7	1	4	6	3	8	9	5
3	8	9	2	5	7	6	1	4

113

9	1	3	7	2	6	8	4	5
7	5	4	1	9	8	2	6	3
8	2	6	5	4	3	1	7	9
6	4	1	9	3	5	7	2	8
3	9	2	8	7	4	5	1	6
5	8	7	2	6	1	9	3	4
4	7	5	3	1	9	6	8	2
1	3	8	6	5	2	4	9	7
2	6	9	4	8	7	3	5	1

114

7	5	1	2	4	6	3	9	8
4	2	8	7	3	9	6	1	5
3	9	6	5	8	1	2	7	4
1	7	4	3	2	8	5	6	9
2	6	5	1	9	4	7	8	3
9	8	3	6	7	5	1	4	2
5	1	9	4	6	3	8	2	7
6	4	7	8	5	2	9	3	1
8	3	2	9	1	7	4	5	6

115

4	1	9	5	3	6	8	2	7
6	8	5	1	7	2	4	3	9
2	3	7	9	4	8	5	6	1
7	2	8	4	1	9	3	5	6
3	9	4	6	5	7	1	8	2
1	5	6	2	8	3	7	9	4
8	6	3	7	2	4	9	1	5
9	4	1	3	6	5	2	7	8
5	7	2	8	9	1	6	4	3

116

8	1	9	3	2	4	7	6	5
7	6	2	9	8	5	1	4	3
3	4	5	7	1	6	9	8	2
6	5	7	2	4	1	3	9	8
4	3	8	6	7	9	5	2	1
9	2	1	8	5	3	4	7	6
1	9	4	5	6	2	8	3	7
2	8	3	1	9	7	6	5	4
5	7	6	4	3	8	2	1	9

117

6	9	7	4	3	1	5	2	8
1	3	8	9	2	5	4	7	6
2	5	4	6	7	8	3	9	1
9	7	2	3	8	4	6	1	5
3	6	1	5	9	7	2	8	4
8	4	5	2	1	6	7	3	9
7	1	6	8	5	2	9	4	3
4	8	9	7	6	3	1	5	2
5	2	3	1	4	9	8	6	7

118

5	4	1	7	6	8	2	3	9
2	7	3	9	1	4	5	8	6
8	9	6	5	3	2	4	1	7
1	5	7	3	2	6	8	9	4
6	2	9	8	4	5	3	7	1
4	3	8	1	7	9	6	5	2
9	6	5	4	8	7	1	2	3
7	1	2	6	5	3	9	4	8
3	8	4	2	9	1	7	6	5

119

3	7	4	8	1	2	5	9	6
8	9	5	4	7	6	3	1	2
6	1	2	5	3	9	4	8	7
1	3	7	9	6	4	8	2	5
4	2	9	1	5	8	7	6	3
5	8	6	3	2	7	9	4	1
7	4	3	2	9	1	6	5	8
9	6	1	7	8	5	2	3	4
2	5	8	6	4	3	1	7	9

120

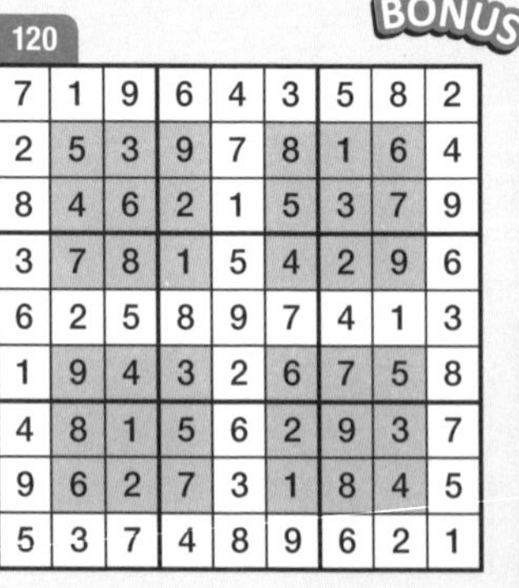

7	1	9	6	4	3	5	8	2
2	5	3	9	7	8	1	6	4
8	4	6	2	1	5	3	7	9
3	7	8	1	5	4	2	9	6
6	2	5	8	9	7	4	1	3
1	9	4	3	2	6	7	5	8
4	8	1	5	6	2	9	3	7
9	6	2	7	3	1	8	4	5
5	3	7	4	8	9	6	2	1

121

3	4	8	6	1	7	9	2	5
6	1	9	2	4	5	8	3	7
7	2	5	3	8	9	1	6	4
9	3	7	1	2	4	6	5	8
8	6	1	5	9	3	4	7	2
2	5	4	8	7	6	3	9	1
1	8	6	9	5	2	7	4	3
4	9	2	7	3	1	5	8	6
5	7	3	4	6	8	2	1	9

122

4	6	5	1	3	2	8	9	7
8	1	2	7	9	6	4	3	5
3	7	9	5	4	8	2	6	1
7	5	4	3	6	9	1	2	8
2	3	6	8	1	4	7	5	9
1	9	8	2	7	5	3	4	6
5	4	1	9	2	7	6	8	3
6	8	7	4	5	3	9	1	2
9	2	3	6	8	1	5	7	4

123

7	1	9	2	5	8	3	4	6
8	3	5	6	4	1	9	7	2
2	4	6	3	7	9	1	8	5
4	5	2	9	1	7	6	3	8
9	6	8	5	3	2	4	1	7
3	7	1	4	8	6	5	2	9
5	8	7	1	6	3	2	9	4
6	9	3	8	2	4	7	5	1
1	2	4	7	9	5	8	6	3

124

4	6	9	2	5	8	7	3	1
1	2	8	7	3	4	6	5	9
5	7	3	6	1	9	4	2	8
8	4	1	3	7	2	5	9	6
6	3	2	1	9	5	8	4	7
9	5	7	8	4	6	2	1	3
3	1	6	4	2	7	9	8	5
7	9	4	5	8	1	3	6	2
2	8	5	9	6	3	1	7	4

125

3	7	1	8	5	2	4	9	6
5	6	9	4	7	1	2	3	8
8	4	2	9	3	6	1	7	5
4	1	8	2	9	7	6	5	3
9	3	7	6	1	5	8	2	4
6	2	5	3	4	8	9	1	7
7	9	4	1	8	3	5	6	2
2	8	3	5	6	9	7	4	1
1	5	6	7	2	4	3	8	9

126

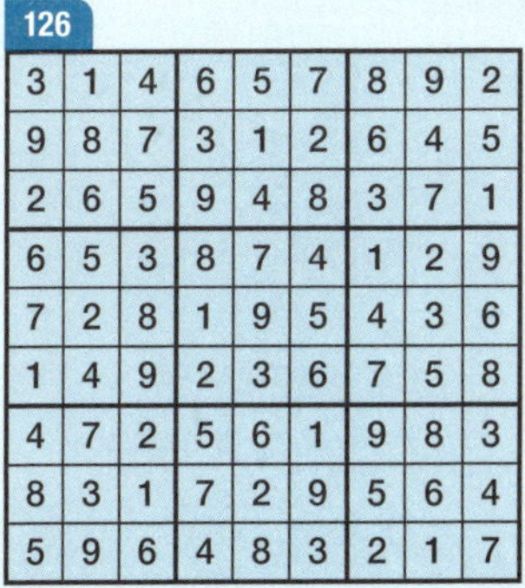

3	1	4	6	5	7	8	9	2
9	8	7	3	1	2	6	4	5
2	6	5	9	4	8	3	7	1
6	5	3	8	7	4	1	2	9
7	2	8	1	9	5	4	3	6
1	4	9	2	3	6	7	5	8
4	7	2	5	6	1	9	8	3
8	3	1	7	2	9	5	6	4
5	9	6	4	8	3	2	1	7

127

3	4	1	8	6	9	7	2	5
2	6	7	1	5	3	4	8	9
5	9	8	2	4	7	3	1	6
8	7	2	6	3	5	9	4	1
9	5	3	4	2	1	8	6	7
4	1	6	7	9	8	5	3	2
6	3	5	9	1	4	2	7	8
7	2	4	5	8	6	1	9	3
1	8	9	3	7	2	6	5	4

128

2	4	8	3	9	5	1	7	6
5	3	6	1	7	4	2	8	9
1	9	7	2	6	8	3	5	4
7	1	3	6	5	9	4	2	8
8	5	4	7	2	3	9	6	1
6	2	9	4	8	1	7	3	5
9	7	2	8	1	6	5	4	3
4	6	1	5	3	7	8	9	2
3	8	5	9	4	2	6	1	7

129

3	2	8	4	7	9	5	1	6
6	5	9	1	2	8	3	7	4
4	7	1	5	6	3	8	9	2
5	9	3	6	8	4	1	2	7
8	1	4	2	9	7	6	5	3
2	6	7	3	1	5	4	8	9
7	8	6	9	3	1	2	4	5
1	4	2	7	5	6	9	3	8
9	3	5	8	4	2	7	6	1

130

9	4	6	3	2	1	8	7	5
1	7	8	4	9	5	2	3	6
3	2	5	8	6	7	1	9	4
7	9	1	2	4	6	5	8	3
5	3	2	1	8	9	4	6	7
8	6	4	5	7	3	9	2	1
2	5	7	6	1	8	3	4	9
6	8	3	9	5	4	7	1	2
4	1	9	7	3	2	6	5	8

131

9	8	4	2	5	1	7	3	6
7	1	3	6	8	9	2	5	4
2	5	6	3	4	7	1	9	8
6	2	1	5	7	3	8	4	9
4	3	9	1	6	8	5	7	2
8	7	5	4	9	2	3	6	1
5	9	2	7	1	4	6	8	3
3	6	8	9	2	5	4	1	7
1	4	7	8	3	6	9	2	5

132

9	2	5	3	8	6	1	7	4
6	7	4	1	5	2	8	9	3
3	8	1	7	9	4	6	5	2
4	9	6	2	7	8	5	3	1
7	5	3	6	4	1	2	8	9
8	1	2	9	3	5	4	6	7
1	4	9	5	6	7	3	2	8
5	3	8	4	2	9	7	1	6
2	6	7	8	1	3	9	4	5

133

2	4	5	6	7	1	8	3	9
9	8	7	3	4	2	5	1	6
1	6	3	8	5	9	4	7	2
3	5	4	2	9	7	1	6	8
7	1	2	5	8	6	3	9	4
6	9	8	4	1	3	7	2	5
8	3	9	1	6	4	2	5	7
5	7	1	9	2	8	6	4	3
4	2	6	7	3	5	9	8	1

134

5	3	1	7	9	6	2	4	8
9	4	8	2	3	1	5	7	6
6	2	7	5	4	8	9	3	1
4	1	9	8	6	5	7	2	3
8	7	3	4	1	2	6	5	9
2	5	6	3	7	9	1	8	4
3	9	2	1	5	4	8	6	7
1	8	4	6	2	7	3	9	5
7	6	5	9	8	3	4	1	2

135

5	2	8	1	3	9	6	4	7
9	6	3	7	8	4	2	5	1
7	4	1	2	5	6	9	8	3
1	5	7	8	6	2	3	9	4
2	9	6	3	4	1	5	7	8
3	8	4	5	9	7	1	2	6
8	7	2	6	1	5	4	3	9
4	1	5	9	7	3	8	6	2
6	3	9	4	2	8	7	1	5

136

3	6	8	5	1	2	7	9	4
1	9	2	8	4	7	6	3	5
5	7	4	9	6	3	8	1	2
7	1	9	6	3	4	5	2	8
2	5	6	7	8	9	3	4	1
4	8	3	2	5	1	9	7	6
6	4	1	3	7	5	2	8	9
8	2	7	1	9	6	4	5	3
9	3	5	4	2	8	1	6	7

137

9	7	4	1	8	2	3	5	6
1	8	3	7	5	6	4	2	9
5	2	6	9	3	4	8	1	7
6	3	8	4	2	5	9	7	1
4	9	2	8	1	7	6	3	5
7	5	1	3	6	9	2	4	8
3	4	5	6	9	1	7	8	2
2	6	7	5	4	8	1	9	3
8	1	9	2	7	3	5	6	4

138

7	5	9	3	1	2	4	8	6
2	1	6	7	8	4	9	3	5
3	4	8	5	9	6	7	2	1
6	3	2	1	7	5	8	4	9
4	8	1	9	6	3	2	5	7
9	7	5	4	2	8	1	6	3
5	9	3	8	4	1	6	7	2
1	6	4	2	3	7	5	9	8
8	2	7	6	5	9	3	1	4

139

2	3	6	7	9	5	4	8	1
7	4	5	6	1	8	2	9	3
8	1	9	2	4	3	7	5	6
1	5	7	4	3	6	9	2	8
3	9	2	1	8	7	5	6	4
6	8	4	5	2	9	3	1	7
9	7	3	8	5	1	6	4	2
4	6	8	9	7	2	1	3	5
5	2	1	3	6	4	8	7	9

140

2	4	5	9	8	6	1	7	3
9	8	7	1	3	5	2	6	4
1	3	6	4	2	7	9	8	5
7	9	2	6	1	3	5	4	8
4	5	8	7	9	2	6	3	1
3	6	1	5	4	8	7	2	9
5	2	3	8	6	1	4	9	7
8	7	4	2	5	9	3	1	6
6	1	9	3	7	4	8	5	2

141

1	2	9	8	6	5	4	3	7
4	5	7	9	3	2	1	6	8
3	8	6	4	7	1	2	9	5
2	9	5	6	1	8	7	4	3
6	4	3	7	5	9	8	2	1
7	1	8	3	2	4	9	5	6
5	7	2	1	9	6	3	8	4
9	3	4	5	8	7	6	1	2
8	6	1	2	4	3	5	7	9

142

1	9	6	3	5	4	8	2	7
2	3	7	8	6	9	5	4	1
5	4	8	7	2	1	6	3	9
3	7	4	6	8	2	1	9	5
8	5	9	1	7	3	4	6	2
6	1	2	4	9	5	7	8	3
7	6	5	2	3	8	9	1	4
4	8	3	9	1	7	2	5	6
9	2	1	5	4	6	3	7	8

143

1	2	9	4	3	8	5	6	7
5	8	7	9	1	6	2	4	3
6	3	4	2	5	7	8	9	1
8	4	5	7	6	9	3	1	2
9	1	6	3	2	5	4	7	8
2	7	3	1	8	4	9	5	6
7	5	1	8	9	2	6	3	4
3	9	8	6	4	1	7	2	5
4	6	2	5	7	3	1	8	9

144

9	3	7	6	4	1	8	5	2
2	5	8	7	3	9	4	6	1
4	6	1	2	8	5	3	9	7
8	2	6	5	7	3	1	4	9
1	9	5	8	2	4	7	3	6
7	4	3	9	1	6	2	8	5
5	8	2	3	9	7	6	1	4
3	1	9	4	6	2	5	7	8
6	7	4	1	5	8	9	2	3

145

9	5	8	6	4	1	7	2	3
7	4	3	5	8	2	9	1	6
1	2	6	7	3	9	4	5	8
4	6	1	9	2	8	3	7	5
8	7	9	3	1	5	6	4	2
2	3	5	4	7	6	1	8	9
3	8	2	1	6	4	5	9	7
5	1	7	8	9	3	2	6	4
6	9	4	2	5	7	8	3	1

146

8	2	4	9	1	6	7	5	3
3	1	9	7	4	5	6	8	2
5	6	7	2	8	3	4	9	1
6	5	2	3	7	1	8	4	9
9	8	3	4	6	2	5	1	7
4	7	1	5	9	8	3	2	6
7	3	5	1	2	4	9	6	8
2	9	8	6	5	7	1	3	4
1	4	6	8	3	9	2	7	5

147

5	3	6	1	4	8	9	7	2
4	7	9	2	3	6	5	8	1
2	1	8	7	9	5	3	4	6
8	2	4	5	6	9	7	1	3
7	6	1	3	8	2	4	9	5
9	5	3	4	7	1	2	6	8
3	4	2	8	1	7	6	5	9
6	8	5	9	2	4	1	3	7
1	9	7	6	5	3	8	2	4

148

6	7	3	1	8	2	4	9	5
2	1	8	9	4	5	6	7	3
4	5	9	6	3	7	1	8	2
5	9	7	2	1	6	8	3	4
8	2	1	4	7	3	5	6	9
3	4	6	8	5	9	2	1	7
7	6	4	3	2	8	9	5	1
1	8	5	7	9	4	3	2	6
9	3	2	5	6	1	7	4	8

149

5	6	7	3	8	2	4	9	1
9	8	2	4	6	1	3	7	5
3	4	1	9	5	7	8	6	2
8	1	3	7	9	4	5	2	6
4	7	9	5	2	6	1	8	3
2	5	6	1	3	8	9	4	7
6	2	5	8	4	3	7	1	9
1	9	4	2	7	5	6	3	8
7	3	8	6	1	9	2	5	4

150 BONUS

2	5	6	7	4	3	8	9	1
4	1	7	8	9	2	6	5	3
3	8	9	5	1	6	4	7	2
8	6	5	4	2	9	3	1	7
9	3	1	6	8	7	5	2	4
7	2	4	1	3	5	9	6	8
6	4	3	9	7	1	2	8	5
5	7	2	3	6	8	1	4	9
1	9	8	2	5	4	7	3	6

스프링북 스도쿠 2

엮은이 | 스도쿠 존 연구소 · 편집부
발행처 | 시간과공간사
발행인 | 최훈일
등록번호 | 제2015-000085호
등록연월일 | 2009년 11월 27일

초판 1쇄 발행 | 2018년 01월 08일
초판 13쇄 발행 | 2026년 01월 29일

주소 | (10594) 경기도 고양시 덕양구 통일로 140 삼송테크노밸리 A동 351호
전화번호 | (02) 325-8144(代)
팩스번호 | (02) 325-8143
이메일 | pyongdan@daum.net

값 7,500원

ISBN | 978-89-7142-992-1 (14410)
978-89-7142-990-7 (세트)

이 도서의 국립중앙도서관 출판예정도서목록(CIP)은
서지정보유통지원시스템 홈페이지(seoji.nl.go.kr)와
국가자료공동목록시스템(www.nl.go.kr/kolisnet)에서 이용하실 수 있습니다.

(CIP 제어번호: CIP2017033313)